AF316243

BIBLIOTHÈQUE
DES ÉCOLES ET DES FAMILLES
A. R. WALLACE
LA MALAISIE
PARIS
LIBRAIRIE HACHETTE ET Cⁱᵉ
79, BOULEVARD SAINT-GERMAIN, 79

LA MALAISIE

DAYAKS DE BORNÉO EN CHASSE.

BIBLIOTHÈQUE

DES ÉCOLES ET DES FAMILLES

LA MALAISIE

RÉCITS DE VOYAGE ET ÉTUDES DE L'HOMME ET DE LA NATURE

PAR

A. RUSSELL WALLACE

ABRÉGÉS PAR H. VATTEMARE

PARIS

LIBRAIRIE HACHETTE ET Cⁱᵉ

79, BOULEVARD SAINT-GERMAIN, 79

1880

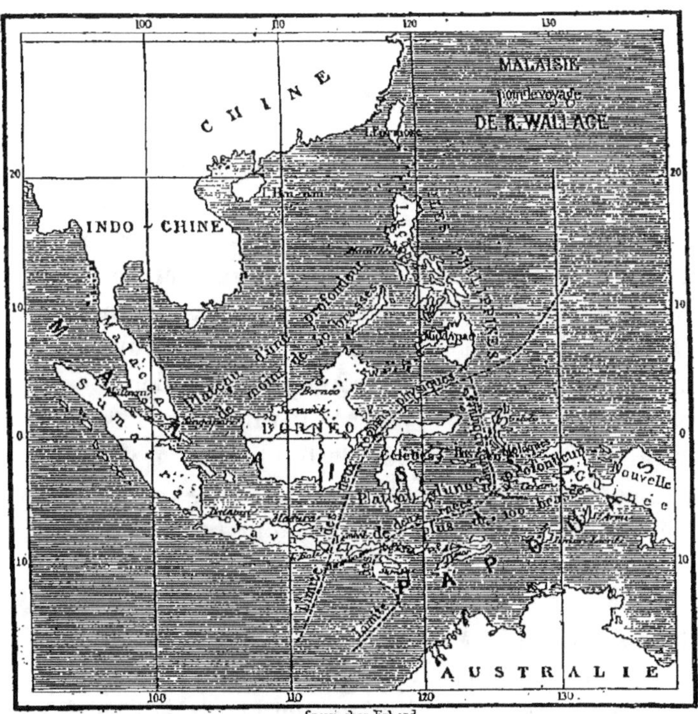

CARTE GÉNÉRALE DE LA MALAISIE.

AVANT-PROPOS

La Malaisie avec la Papouasie constitue une grande division de l'Océanie, située dans la mer des Indes, entre 93° et 140° de longitude est, 23° de latitude nord et 12°30' de latitude sud. Sa population, évaluée à 30 000 000 d'habitants, appartient à deux races distinctes, les Malais à l'ouest et les Papous à l'est. Le nombre des premiers est cependant beaucoup plus considérable que celui des seconds, et c'est pour cette raison que le savant naturaliste Lesson a donné à la totalité de ce vaste archipel le nom de *Malaisie*, plus exact et plus vrai que ceux de *Notasie* et de *grand archipel des Indes orientales*, sous lesquels autrefois il était généralement désigné.

Des deux sections, la Malaisie est, sous tous les rapports, la plus importante. La variété et la valeur de ses productions y ont toujours attiré le commerce de l'univers. C'est en effet des Moluques que l'on tire les épices, de Banca l'étain, de Java l'argent, des Philippines l'or, de Soulou l'ambre gris et les perles, de Bornéo le camphre et les diamants.

C'est dans cette intéressante partie du monde que M. Alfred Russell Wallace a séjourné pendant huit années, étudiant, comme il le dit modestement, l'homme et la nature, en réalité étendant, grâce à ses persévérantes et intelligentes recherches, le domaine de l'ethnographie[1], de la géographie et de l'histoire naturelle.

La Société de Géographie de Paris lui a décerné une médaille d'or.

L'extrait suivant du rapport fait, au nom de la commission des prix de cette société, par M. Eugène Cortambert, l'un de nos plus savants géographes, permettra au lecteur de se rendre compte des résultats obtenus par le consciencieux voyageur.

« Le plus remarquable de tous les voyages dont l'Océanie a été le théâtre depuis quelques années, est, sans contredit, celui de M. A. Russell Wallace, qui a séjourné huit ans dans la Malaisie, l'étudiant, la scrutant à fond, en naturaliste, en ethnologue, en philosophe, mais aussi en géographe. La grande gloire de M. Wallace, c'est la détermination de la vraie limite entre l'Asie et l'Océanie[2].

« Observant, sur les cartes marines, les sondages de toute cette mer pleine d'îles qui s'étend entre l'Indo-Chine, la Nouvelle-Guinée et l'Australie, il a remarqué que ces îles reposent sur deux plateaux sous-marins, d'altitudes très inégales : l'un, à l'ouest, qu'on atteint à une profondeur moyenne de moins de 50 brasses[3]; l'autre, à l'est, qui se trouve à plus de 100 brasses. Entre les deux plateaux règne une profonde fissure, une sorte de vallée sans fond, dirigée du sud-ouest au nord-est, parcourue par un courant considérable et passant entre Bali et Lombock, entre Bornéo et Célèbes, entre les Philippines et les Moluques. L'un de ces plateaux est la continuation naturelle de l'Asie, c'est-à-dire des Indes; l'autre semble un prolongement de l'Australie, un reste de quelque grand continent affaissé sous les eaux et dont les épaves seraient les terres actuelles de l'Océanie orientale et méridionale. Ainsi, M. Wallace nomme la

---

1. Science qui a pour objet l'étude et la description des peuples.

2. Le développement de la belle découverte de M. Wallace se trouve à l'appendice.

3. La brasse équivaut à $1^m,624$.

partie occidentale de la Malaisie *région indo-malaise*, et la partie orientale *région austro-malaise*[1].

« La différence des productions entre les deux régions n'est pas moins caractéristique que celle qui naît de la géographie sous-marine : à l'ouest, c'est-à-dire à Sumatra, à Java, à Bali, à Bornéo, aux Philippines, on trouve les oiseaux de l'Asie, les éléphants, les rhinocéros, les grands ruminants, les orangs-outangs, les pies, les grives, et une foule d'autres oiseaux qui appartiennent aux Indes. A l'est, la fissure dont nous avons parlé, à partir de Lombock, ce sont des êtres tout différents, qui se rattachent à la faune de la Nouvelle-Guinée et de l'Australie : des didelphes, des oiseaux de paradis, etc.

« L'ethnographie vient se joindre à l'hydrographie et à la zoologie[2] pour la détermination des deux grandes divisions physiques de l'archipel.

« A l'ouest sont les Malais, au type mongolique, au teint brun ou olivâtre, ou légèrement rouge, au visage plat, au nez petit et bien fait, aux cheveux noirs et droits, à la barbe rare, droite aussi, à la petite stature, à l'esprit défiant, au maintien réservé et poli, au caractère tranquille, impassible et point affectueux[3].

« A l'est sont les Papous, à la stature élevée, à la couleur de suie, aux cheveux abondants, disposés en une brosse immense autour de la tête, à la bouche large et avancée, au nez très proéminent, surtout allongé et anguleux (ce qui les distingue essentiellement des nègres de l'Afrique); leur caractère est aimable et gai, leur parole rapide, forte, expressive, et leur esprit communicatif. Ils sont toujours en mouvement, d'une activité presque fébrile et ont beaucoup plus de goût que les Malais pour les arts : on le reconnaît à leurs demeures et à leurs ustensiles, qu'ils savent orner d'une manière pittoresque. Enfin, ils sont plus intelligents, quoique l'on croie généralement le contraire, et si les Malais ont gagné du

1. Voir la carte générale de la Malaisie, où cette division est indiquée par deux lignes de points.

2. L'hydrographie est la description des eaux éparses à la surface du globe; c'est aussi la science qui enseigne à mesurer et à connaître la mer. La zoologie est la partie de l'histoire naturelle qui a pour objet les animaux.

3. Ce que M. Cortambert ne dit pas, pas plus que M. Wallace du reste, c'est que, parmi ces tribus malaises, il en est, par exemple les Battas de Sumatra et les Dayaks de Bornéo, qui pratiquent avec passion l'anthropophagie.

terrain sur eux, en franchissant un peu la limite naturelle que nous avons fait connaître, ils le doivent à l'influence puissante de la civilisation asiatique, qui règne depuis longtemps chez eux, et qui les a portés jusqu'à Célèbes, à Lombock, à Sumbava et dans une partie des Moluques.

« Du reste, il y a dans la Malaisie des populations qui sont un mélange des deux races et que M. Wallace décrit avec le même soin que les Malais et les Papous.

« M. Wallace a rapporté en Angleterre 125 660 objets du règne animal seulement. Ce n'est pas cependant pour cette admirable collection que nous lui décernons aujourd'hui notre médaille d'or : c'est pour le service éminent rendu à la géographie par l'établissement rationnel de la séparation de l'Asie et de l'Océanie, et la distinction si profonde et si nette qu'il fait entre les deux grands peuples de la Malaisie, ainsi que de leur distribution géographique. »

L'ouvrage de M. A. Russell Wallace forme deux gros volumes. Pour rester dans le cadre imposé à notre collection, je n'ai pu entrer dans le détail de tous les faits intéressants qui remplissent ces deux volumes où le voyageur présente ses observations, où il raconte ses chasses de naturaliste, les dangers qu'il a courus à travers des régions où les tigres, les orangs-outangs, les crocodiles, les serpents boas, les sangsues de terre et mille insectes malfaisants sont les hôtes ordinaires des forêts, et où les tremblements de terre et les éruptions volcaniques menacent si souvent la vie des hommes.

J'ai dû me borner à en retracer les traits les plus saillants. Mais cette relation, quelque résumée qu'elle soit, non seulement intéressera profondément le lecteur, mais encore lui donnera la conviction que l'appréciation de M. Cortambert n'est pas exagérée.

HIPPOLYTE VATTEMARE.

GROUPE INDO-MALAIS

LA MALAISIE

CHAPITRE PREMIER

Singapour. — L'île et la ville. — Colonies chinoises de l'intérieur. — Malacca. —
Excursion au mont Ophir.

Les longues pérégrinations de M. Wallace dans l'archipel
de la Sonde commencent à Singapour[1].

Ce qui, pour l'étranger arrivant d'Europe, fait de la ville
et de l'île de Singapour un objet à la fois de curiosité et d'é-
tude, c'est la grande diversité de races, de religions et de
mœurs que l'on y rencontre.

Le gouvernement, la garnison et les notables commerçants
sont Anglais; mais le fond de la population, en y comprenant
quelques-uns des plus riches négociants, les agriculteurs de
l'intérieur, les artisans et les ouvriers sont Chinois. Les
Malais indigènes sont, pour la plupart, pêcheurs ou bateliers
et composent le corps entier de la police. Beaucoup de commis et de petits marchands sont Portugais et viennent de Ma-

1. Singapour, dont le nom signifie *Ville du lion*, est située sur la côte méridionale de l'île Singapour, entre la pointe de la presqu'île de Malacca et l'île de
Sumatra. Cette île, de 40 kilomètres de longueur sur 20 de largeur, est séparée du
continent indien par un détroit qui porte le même nom. La ville de Singapour,
fondée par sir Thomas Riffles, en 1819, appartient aux Anglais. De son gouvernement dépendent ceux de Malacca et de Georgetown (île du Prince de Galles).

lacca; il en est de même des Klings de l'Inde occidentale [1] et des Arabes; les Bengalis sont domestiques ou porteurs d'eau. Les Parsis [2], peu nombreux, s'adonnent au commerce. On rencontre beaucoup de Javanais, matelots ou domestiques, et des marchands venant de Célèbes, de Bali et d'autres îles de l'archipel.

Mais, comme il a été dit plus haut, les Chinois forment la plus grande partie de la population et donnent à Singapour toute l'apparence d'une ville chinoise. Au reste, là comme partout ailleurs, le fils du Céleste Empire est apte à toutes les professions : les plus hautes spéculations du commerce ne lui sont pas étrangères, et les métiers les moins relevés ne lui répugnent. Le riche négociant a magasin en ville, maison à la campagne, cheval et cabriolet. Le boutiquier, plein de complaisance, surfait un peu sa marchandise, mais moins que le Kling, qui demande généralement le double de ce qu'elle vaut. Les Chinois sont tailleurs, barbiers, menuisiers, forgerons, bateliers, portefaix, marchands d'eau ambulants, de légumes, de fruits, de soupe, d'agar-agar (gelée de plantes marines). A l'intérieur de l'île, ils abattent les arbres dans la forêt et les scient pour en faire des planches; ils cultivent les légumes et le poivre qui constitue un important article de commerce.

La rade de Singapour est vaste et sûre. Son port est rempli de navires appartenant à presque toutes les nations du monde, de centaines de *proas* (barques) malaises, de pittoresques jonques chinoises, de bâtiments de toutes dimensions,

1. *Kling* est le nom générique donné dans l'archipel aux Hindous qui y passent ou s'y établissent. Ce mot vient de la côte occidentale du golfe de Bengale, entre le Gange et la Godavery, nommée Kalinga dans la géographie des brahmanes. C'était de là que venaient originairement la plupart des émigrants et des malades.

2. Les Parsis, adorateurs du feu, sectateurs de Zoroastre, sont ainsi nommés parce qu'ils sont originaires du Fars ou Farsistan (ancienne Perside). Ils sont aussi appelés Guèbres, du mot persan *ghebr* (infidèle), nom que les musulmans donnent en général aux peuples, autres que les juifs et les chrétiens, qui ne professent pas l'islamisme.

depuis ceux qui jaugent plusieurs centaines de tonnes jusqu'aux petits bateaux de pêche et aux *sampans* omnibus.

Quant à la ville, elle possède de beaux monuments publics,
des églises, des mosquées, des temples hindous, des maisons
de jeu chinoises, de confortables maisons européennes, d'immenses magasins, de vieux bazars originaux, klings et chinois,
et de longs faubourgs bordés de chalets chinois et malais.

RADE DE SINGAPOUR.

Dans les colonies chinoises de l'intérieur, les jésuites français ont établi des missions qui ont bien réussi. Ces missionnaires vivent avec une économie qui entre pour une large
part dans leur succès. En voyant ceux qui les instruisent ac-
cepter simplement la pauvreté et se passer de toutes les jouis-
sances de la vie, les naturels sont persuadés que ces pasteurs
sont sincères, qu'ils enseignent la vérité, et qu'ils ont réelle-

ment abandonné leur patrie et leurs amis, leur bien-être et leur sécurité pour le bien des autres.

Il n'est pas étonnant que les missionnaires fassent des conversions, car, pour les pauvres gens parmi lesquels ils travaillent, ce doit être un grand bonheur d'avoir au milieu d'eux un homme auquel ils puissent s'adresser dans toutes leurs peines ou dans toutes leurs misères, qui les console et leur donne des conseils, qui les visite quand ils sont malades, les secoure quand ils sont dans le besoin, et qu'ils savent être sans cesse menacé de la persécution et de la mort uniquement pour l'amour d'eux.

M. Wallace passa quelques semaines avec un de ces missionnaires, établi à Bukit-Tima, à peu près au centre de l'île. Il s'y trouvait une jolie église, fréquentée par environ 300 convertis.

« Cet excellent prêtre, dit M. Wallace, était un père pour son troupeau : il prêchait en chinois tous les dimanches, et il consacrait pendant la semaine plusieurs soirées à des enseignements et à des entretiens sur la religion ; il tenait enfin une école pour instruire les enfants. Sa maison était ouverte nuit et jour à tous ceux qui avaient besoin de lui. Si un homme venait lui dire : « Je n'ai pas de riz à donner à manger à ma famille aujourd'hui, » il lui faisait prendre la moitié de ce qu'il avait chez lui, si peu que cela pût être. Si un autre lui disait : « Je n'ai pas d'argent pour payer une dette, » il lui donnait la moitié de ce que contenait sa bourse, fût-ce son dernier écu.

« Aussi, quand il était lui-même dans le besoin, il envoyait chez l'un des hommes les plus riches de son troupeau et lui faisait dire : « Je n'ai plus de riz à la maison, » ou « J'ai donné tout mon argent et j'ai besoin de telle ou telle chose. » Tous avaient confiance en lui et l'aimaient, convaincus qu'il était leur véritable ami et ne poursuivait aucun dessein caché en vivant parmi eux.

JONQUE CHINOISE, A SINGAPOUR.

« L'île de Singapour est composée d'une multitude de petites collines de 90 à 120 mètres de hauteur. Les sommets d'un grand nombre d'entre elles sont encore couverts d'une forêt vierge. La maison de la mission à Bukit-Tima est dominée par plusieurs de ces collines boisées. A l'époque de mon voyage, les forêts étaient fréquentées depuis plusieurs années par des bûcherons et des scieurs de long, dont les abatis avaient fourni aux insectes et à leurs larves une nourriture continuelle de feuilles sèches ou flétries, d'écorce et de sciure de bois. Cette circonstance, jointe à de certaines conditions de sol, de climat et de végétation, rendait cette localité excellente pour la chasse aux insectes. Aussi, en deux mois, ne récoltai-je pas moins de 700 espèces de coléoptères[1], appartenant pour la plus grande partie à des espèces inconnues.

« Çà et là aussi se trouvaient des fosses à tigres, soigneusement recouvertes de bâtons et de feuilles et si bien dissimulées que plusieurs fois je fus en danger d'y tomber. Elles ont la forme d'un haut fourneau, sont plus larges au fond qu'au sommet et ont de 4 mètres 50 à 6 mètres de profondeur, de sorte qu'en cas d'accident il serait impossible d'en sortir sans aide.

« Autrefois on dressait un poteau pointu au fond de la fosse; mais un infortuné voyageur qui traversait une forêt sans soupçon d'aucun péril, s'étant tué en tombant sur une de ces pointes, on en a interdit l'usage.

« Quelques tigres rôdent constamment autour de la ville de Singapour. On assure que le nombre de leurs victimes est en moyenne d'une par jour. Ils font surtout leur proie des Chinois qui travaillent dans les plantations de gambir, au milieu des jongles nouvellement éclaircies.

1. Ordre d'insectes à quatre ailes, dont les deux supérieures, dures, servent d'enveloppe aux deux inférieures, membraneuses. Les individus de cet ordre sont, pour la plupart, remarquables par leurs brillantes couleurs.

« Un soir, nous entendîmes, une fois ou deux, le rugissement d'un tigre. Ce n'était pas sans un certain trouble que nous nous exposions, en cherchant les insectes parmi les vieux troncs d'arbres et les anciennes fosses de scieurs de long ; un de ces terribles animaux sauvages pouvait être aux aguets et n'attendre qu'une occasion pour s'élancer sur nous.

« Quand la journée était belle, nous passions plusieurs heures de l'après-midi dans ces forêts délicieusement fraîches et ombragées, qui contrastaient si agréablement avec le pays découvert que nous avions à traverser pour y arriver.

« La végétation y est des plus luxuriantes et toute composée d'énormes arbres, ainsi que d'une grande variété de fougères, de caladiums et d'autres plantes et arbustes entremêlés d'un grand nombre de palmiers *rattans*. »

Ne trouvant pas, en raison de la rareté des oiseaux et des autres animaux, à contenter ses aspirations de naturaliste, M. Wallace quitta Singapour et se rendit à Malacca [1].

Cette ville est bien déchue de son ancienne splendeur et Singapour l'a remplacée comme centre du commerce de l'est.

Voici ce qu'en disait Linschott, voyageur hollandais, au commencement du XVII° siècle :

« Malacca est habité par les Portugais et par les naturels du pays, les Malais. Les Portugais ont ici une forteresse, comme à Mozambique, et il n'y a pas de forteresse dans toutes les Indes, après celle de Mozambique et celle d'Ormuz, où les capitaines accomplissent mieux leur devoir que dans la forteresse de Malacca. Cet endroit est le marché de l'Inde entière, de la Chine, des Moluques, et d'autres îles environ-

---

1. La ville de Malacca, située à l'extrémité de la péninsule du même nom, a été fondée par les Malais, vers 1252. Au commencement du XVI° siècle, elle fut prise par les Portugais, qui l'occupèrent jusqu'en 1641, époque où elle passa aux mains des Hollandais. Les Anglais l'occupent depuis 1825. Quant à la péninsule de Malacca, qui a 1190 kilomètres de long sur 196 de large, une partie est indépendante, une seconde partie appartient aux Siamois et la troisième partie forme la province anglaise de Malacca.

nantes. De tous ces pays, ainsi que de Banda, de Java, Sumatra, Siam, du Pégou, du Bengale, de Coromandel et de l'Inde, arrivent des vaisseaux qui vont et viennent, continuellement chargés d'une infinité de marchandises.

« Il y aurait un beaucoup plus grand nombre de Portugais dans cette ville si l'air n'y était pas aussi malsain ; mais il est pernicieux pour les étrangers et même pour les indigènes. Quiconque habite Malacca paye son tribu à une certaine maladie qui lui fait écailler la peau ou perdre les cheveux. Ceux qui échappent à ce mal considèrent cela comme un miracle. C'est pour cette raison que beaucoup de personnes quittent ce pays, tandis que d'autres, poussées par l'amour du gain, exposent leur santé et tâchent de s'habituer à cette funeste atmosphère.

« A l'origine, disent les naturels, cette ville était très petite ; elle n'était habitée, à cause de l'insalubrité de l'air, que par cinq ou six pêcheurs ; mais ce nombre s'accrut par l'arrivée successive de pêcheurs de Siam, du Pégou et du Bengale, qui s'y fixèrent et y bâtirent une ville ; ils se firent une langue particulière, tirée des manières de parler les plus élégantes des autres nations, de sorte que la langue des Malais est à présent la plus raffinée, la plus exacte et la plus renommée de toutes les langues de l'Est. On donna le nom de Malacca à cette ville, qui, par sa situation favorable, devint si riche en peu de temps qu'elle put rivaliser avec les villes et les pays les plus puissants qui l'environnent. Les habitants, hommes et femmes, sont très affables et réputés pour être les plus habiles du monde dans l'art des compliments. Ils s'exercent beaucoup à composer et à répéter des vers et des chants d'amour. Leur langue est en vogue dans les Indes, comme le français est en vogue ici. »

Telle était Malacca il y a 270 ans.

Aujourd'hui, à peine entre-t-il dans le port de Malacca un vaisseau de plus de cent tonneaux, et le commerce se borne à quelques produits des forêts et aux fruits que produisent, pour la jouissance des habitants de Singapour, les arbres plantés par les anciens Portugais. Bien qu'il y ait encore des fièvres, on ne considère plus maintenant Malacca comme une ville exceptionnellement malsaine.

Plusieurs races composent la population de Malacca : les ubiquistes Chinois y semblent être les plus nombreux; ils conservent leurs mœurs, leurs coutumes, leur langage. Viennent ensuite les Malais indigènes; leur langue est la *lingua franca* de l'endroit. On peut classer au troisième rang les descendants des Portugais, race mélangée, dégradée et dégénérée; ils continuent à parler leur langue mère, mais en la mutilant terriblement. Notons, en outre, les autorités anglaises et les descendants des Hollandais, qui parlent tous anglais.

Le portugais que l'on parle à Malacca est vraiment un phénomène philologique singulier; les verbes ont pour la plupart perdu leurs inflexions et la même forme sert pour tous les modes, tous les temps, tous les nombres et toutes les personnes. *Eu vai* s'emploie pour « je vais », « j'allai » ou « j'irai ». Les adjectifs se sont aussi dépouillés de leurs terminaisons féminines et plurielles, de sorte que la langue est devenue d'une simplicité étonnante; si l'on ajoute qu'il s'y est introduit des mots malais, on concevra combien elle doit être difficile pour ceux qui n'ont entendu jusqu'alors que le pur lusitanien.

Les différents habitants de Malacca varient autant dans leurs costumes que dans leurs langages. L'Anglais conserve l'habit ajusté, la veste, le pantalon, la cravate et l'abominable chapeau européen. Le Portugais préfère une jaquette légère, ou, le plus souvent, une chemise et seulement un pantalon. Les Malais portent leur jaquette nationale et le sarong, espèce de jupe comme en portent les montagnards écossais, avec un caleçon large, tandis que les Chinois ne changent jamais leur costume national, qu'il serait vraiment impossible de rendre plus commode : leur pantalon large et flottant et leur vêtement blanc, moitié chemise, moitié jaquette, sont, en effet, le vêtement le plus convenable sous cette latitude.

La vieille ville de Malacca s'élève pittoresquement dans un espace resserré, sur les bords d'une petite rivière; elle est habitée par les descendants des Portugais et des Chinois. Les maisons des fonctionnaires anglais et de quelques négociants portugais occupent les faubourgs; elles sont entourées de bosquets de palmiers et d'arbres fruitiers. Le vieux fort, le grand palais du gouvernement et les ruines d'une cathédrale témoignent de l'importance qu'avait jadis Malacca.

Avant de s'engager dans l'intérieur de la presqu'île, M. Wallace prit à son service deux Portugais, l'un comme cuisinier, l'autre comme chasseur d'oiseaux et préparateur de peaux, industrie particulière à Malacca.

Il passa quinze jours dans un village nommé Gading, où il reçut une cordiale hospitalité chez des Chinois convertis. Ce village était habité par un millier de Chinois qui s'occupaient de l'extraction et du lavage de l'étain. Le sol de cette localité était pauvre et recouvert de taillis épais; notre voyageur y trouva peu d'insectes; mais un peu plus loin il aperçut des oiseaux en quantité et pénétra tout à coup au milieu des trésors ornithologiques de la région malaise.

De son premier coup de fusil, il abattit un des plus beaux et des plus curieux oiseaux de Malacca, le *podarge* au bec bleu, nommé par les indigènes l'oiseau de pluie. Cet oiseau, de la grosseur d'un étourneau, a le plumage noir et rouge vineux, des raies blanches au haut des pattes et un très grand et très large bec d'un bleu vif au-dessus et orange au-dessous.

Le collectionneur se procura également de magnifiques trogons au dos brun, à la poitrine cramoisie, aux ailes diaprées d'éclatantes couleurs; des barbets verts, des martins-pêcheurs, des coucous verts et bruns avec des joues d'un rouge velouté, des colombes à la poitrine rouge, des *nectarinia* à livrée métallique.

Quelque temps après, M. Wallace se rendit à Ayer-Panas, station du gouvernement, avec un jeune homme de la localité qui s'occupait d'histoire naturelle. Là, les insectes étaient rares, sauf les papillons. Un de ces lépidoptères tomba entre les mains du collectionneur d'une manière assez curieuse.

Une après-midi, son fusil sur l'épaule, il se promenait dans la forêt, en suivant son sentier favori, lorsqu'il vit à terre un grand papillon peint de magnifiques couleurs et d'une espèce qui lui était tout à fait inconnue. Il s'approcha doucement et s'aperçut que le papillon était posé sur les excréments de quelque animal carnivore. Pensant qu'il pouvait revenir au même endroit le lendemain, après son déjeuner, M. Wallace partit avec son filet, vit avec enchantement son papillon sur le même fumier et réussit à s'en emparer. C'était une espèce d'une grande beauté et tout à fait nouvelle, qui reçut le nom de *Lymphalis calydona*. M. Wallace n'en aperçut jamais d'autre spécimen ; douze années plus tard seulement, un second papillon de la même espèce fut pris dans le nord-ouest de Bornéo.

« Nous avions résolu, dit M. Wallace, de visiter le mont Ophir, situé au centre de la péninsule, à 80 kilomètres environ à l'est de Malacca ; nous engageâmes six Malais pour nous accompagner et porter notre bagage. Comme nous nous proposions de rester une semaine au moins à la montagne, nous emportâmes une bonne provision de riz, du biscuit, du beurre, du café, du poisson sec et un peu d'eau-de-vie, des couvertures, des vêtements de rechange, des boîtes à insectes et à oiseaux, des filets, des fusils et des munitions. Nous supposions qu'il y avait environ 40 kilomètres d'Ayer-Panas au mont Ophir.

« Notre premier jour de marche fut assez agréable. Nous traversâmes des forêts, des clairières, des villages malais. Nous passâmes la nuit dans la maison d'un chef malais. Il nous prêta une véranda et nous donna à manger une volaille et quelques œufs.

« Le lendemain, le pays devint plus sauvage et plus accidenté. Nous passâmes à travers de vastes forêts, le long de sentiers où nous avions souvent de la vase au-dessus des genoux, harcelés par les sangsues qui ont valu à ce district une fâcheuse réputation. Ces bêtes avides infestent les feuilles et les herbes des sentiers ; quand un voyageur passe, elles s'étendent de toute leur longueur et, dès qu'elles touchent le vêtement ou le corps des passants, elles quittent leurs feuilles pour s'attacher à leur victime, ramper lentement sur les jambes, les pieds ou toute autre partie du corps et sucer le sang à leur aise, car on sent rarement la première piqûre pendant l'excitation de la marche. En nous baignant le soir, nous en trouvions généralement une demi-douzaine ou une douzaine sur nous, le plus souvent sur nos jambes, mais quelquefois plus haut : ainsi l'une d'elles me suça au cou, à côté de la veine jugulaire, qu'heureusement elle n'atteignit pas.

« Il y a plusieurs espèces de ces sangsues des bois ; toutes sont petites ; quelques-unes sont marquées de jolies raies d'un jaune clair. Elles s'attachent probablement à la peau du daim ou des autres animaux qui fréquentent les sentiers des forêts, et ont, par suite, acquis l'habitude de s'allonger au bruit d'un pas, au froissement du feuillage.

« Nous arrivâmes au pied de la montagne de bonne heure, dans l'après-midi, et nous établîmes notre camp à côté d'un joli ruisseau dont les bords rocailleux étaient tissés de fougères. Le plus vieux de nos guides malais avait déjà fait la chasse aux oiseaux dans ces parages, pour les commerçants de Malacca, et il était allé jusqu'au sommet de la montagne. Tandis que nous nous amusions à tirer et à chercher des insectes, accompagné de deux autres Malais, il alla frayer le sentier pour notre ascension.

« Nous partîmes donc de bonne heure le lendemain matin, après déjeuner, emportant des couvertures et des provisions,

avec l'intention de passer la nuit sur la montagne. Après avoir
traversé une petite jongle épaisse et des taillis marécageux
où nos hommes avaient pratiqué un passage, nous entrâmes
dans une haute forêt où les broussailles étaient rares; nous
pûmes y marcher sans obstacles. Nous gravîmes d'un pas ferme,
pendant plusieurs kilomètres, une pente modérée, le long
d'un ravin profond ouvert à gauche; puis il nous fallut traverser un plateau uni; la montée devint plus raide et la forêt
plus épaisse; nous atteignîmes le *Padang-batu* ou champ de
pierre, endroit dont nous avions beaucoup entendu parler,
mais que personne n'avait jamais pu décrire intelligiblement.
C'était une pente escarpée de roc uni, s'étendant à perte de
vue d'un côté de la montagne. »

Dans les crevasses et dans les fissures poussait une luxuriante verdure, surtout le *Nepenthes distillatoria*, arbuste
demi-grimpant, ressource du voyageur altéré; ses feuilles
contournées en forme de vase, de différentes grandeurs, con-
tiennent de l'eau potable. On y remarquait aussi quelques
conifères et des buissons du *Dipterei Horsfildii* et du *Matonia
pectinata*, splendides fougères qui portent de grandes feuilles
palmées sur des tiges minces de 1^m,80 à 2^m,40 de hauteur.
De toute la famille des fougères, la *Matonia* est la plus élégante et ne se trouve que dans ces montagnes.

Ayant vainement cherché l'eau qu'on leur avait assuré se
trouver sur le Padang-batu, les explorateurs eurent recours
aux *Nepenthes distillatoria*. Mais l'eau que renfermait chacun
des vases, 55 centilitres environ, était pleine d'insectes et
d'autres choses aussi peu attrayantes. Ils en goûtèrent cependant; elle était agréable, mais presque chaude.

Après avoir traversé une autre forêt d'arbres rabougris et
franchi plusieurs collines, M. Wallace et son compagnon at-
teignirent un pic séparé de la cime de la montagne par une
brèche considérable. Leurs porteurs ayant refusé de les accompagner plus loin, à cause de l'escarpement des flancs du

sommet, ils continuèrent seuls leur route, n'emportant que leurs couvertures et quelques provisions.

L'ascension fut des plus pénibles ; la pente était si rapide, qu'il fallut souvent s'accrocher des mains aux broussailles. Au bout d'une heure, les grimpeurs arrivèrent aux rochers sur lesquels s'appuyait le sommet ; une saillie en surplomb y formait un abri commode, avec un petit bassin où l'eau tombait goutte à goutte.

Ils déposèrent leurs fardeaux en cet endroit, et quelques minutes après ils foulaient, sur la cime du mont Ophir, à 1220 mètres au-dessus du niveau de la mer, une petite plate-forme couverte de rhododendrons et d'autres arbrisseaux. De cette hauteur le regard planait sur des rangées de collines, des vallées encombrées de forêts interminables et des rivières étincelantes. « Vu de loin, dit M. Wallace, un pays de forêt est très monotone ; aucune des montagnes que j'ai gravies sous les tropiques ne présente un panorama égal à celui du Snowdon [1], et les vues de la Suisse sont bien autrement belles. »

La soirée étant calme et très douce, les voyageurs arrangèrent un lit de branches sur lequel ils étendirent leurs couvertures, et passèrent la nuit très confortablement.

Le lendemain, ils accomplirent leur descente, emportant quelques spécimens des fougères et des *Nepenthes distillatoria* de Padang-batu.

« L'endroit où nous avions d'abord campé, au pied de la montagne, dit M. Wallace, était très sombre : nous en choisîmes un autre, dans une espèce de marais, près d'un ruisseau tout couvert de plantes ressemblant au gingembre. Nos hommes élevèrent deux petites huttes sans parois, juste pour nous abriter de la pluie. Nous y passâmes une semaine, chassant les insectes et rôdant autour des forêts du pied de la

---

1. Montagne du pays de Galles, en Angleterre, sur la limite des comtés de Caërnarvon et de Mérioneth. Altitude, 1185 mètres.

FAISANS ARGUS MALE ET FEMELLE (page 26).

montagne. C'était le pays du « grand faisan argus, » et nous
entendions continuellement son cri. Je demandais au vieux
Malais d'en abattre un pour moi; il me répondit que, bien
qu'il fît la chasse aux oiseaux depuis vingt ans dans ces bois,
il n'avait pu en tirer un seul et n'avait jamais vu que ceux
qui se prenaient dans les filets.

« Cet oiseau est tellement circonspect, tellement avisé, il
court si vite dans les profondeurs de la forêt, qu'il est impossible de l'approcher. Ses couleurs sombres et ses belles
marques semblables à des yeux, que nous admirons dans
nos musées, doivent bien s'harmoniser avec les feuilles
mortes, au sein desquelles il habite, et le rendre en même
temps moins visible. Tous les spécimens vendus à Malacca
sont pris au piège, et le vieux Malais en avait attrapé beaucoup au lacet.

« On trouve encore là le tigre et le rhinocéros; il y a
quelques années, les éléphants y étaient très nombreux; ils
ont disparu. Nous vîmes des tas d'excréments qui semblaient
provenir de l'éléphant, quelques traces aussi de rhinocéros,
mais nous n'aperçûmes aucun de ces animaux. Nous gar-
dâmes cependant un feu allumé toute la nuit, dans la crainte
de quelque visite fâcheuse. Deux de nos hommes nous assu-
rèrent qu'ils avaient vu un jour un rhinocéros. »

Le mont Ophir est mal famé pour ses fièvres, et la halte
de M. Wallace au pied de cette montagne fut considérée par
ses amis comme un acte de grande imprudence. « Pourtant,
dit-il, nul de nous n'en souffrit, et je penserai toujours avec
plaisir à cette excursion, la première qui m'ait mis en relation avec les montagnes tropicales de l'Orient. »

Quand sa provision de riz fut épuisée, quand ses boîtes de
collectionneur eurent reçu leur contingent d'échantillons de
plantes et d'insectes, M. Wallace reprit la route de Ayer-
Panas, puis de Malacca et enfin de Singapour. De cette dernière ville il s'embarqua pour se rendre à Bornéo.

CHAPITRE II

Bornéo[1]. — L'orang-outang.

M. Wallace débarqua à Sarawak[2], et n'en partit qu'au bout de quinze mois, période pendant laquelle il résida dans diverses localités et vit beaucoup de tribus de Dayaks et de Malais de Bornéo.

Les quatre premiers mois de son séjour dans l'île, il les passa dans les régions qui bordent le Sarawak, depuis Santubong, où ce fleuve se jette dans la mer, jusqu'aux pittoresques montagnes calcaires et aux champs d'or chinois de Bow et de Bédé.

Puis, étendant le cercle de ses pérégrinations, il se résolut à se rendre aux mines de houille exploitées près de la Si-

1. Bornéo, l'île la plus grande du monde après la Nouvelle-Hollande, a une longueur de 1280 kilomètres sur une largeur de 1200 kilomètres. Sa population, de 3 000 000 d'âmes, se compose de Javanais, de Malais, de Chinois, de Hollandais et d'Anglais. Elle est divisée en partie dépendante et partie indépendante; la première, appartenant aux Hollandais, comprend deux provinces désignées sous le nom de *Résidence de la côte occidentale* (chef-lieu Pontianak) et *Résidence de la côte orientale* (chef-lieu Banjermassing); la seconde contient plusieurs royaumes indigènes : Bornéo, Cotti, Soulou, etc. L'île de Bornéo a été découverte par les Portugais en 1521 ; les Hollandais y sont établis depuis 1604. — Bornéo, capitale du royaume indépendant de ce nom, est située à l'embouchure du fleuve Bornéo dans la mer. Elle renferme 30 000 habitants et entretient un commerce actif, surtout avec Singapour.

2. Sarawak est une ville située sur la côte occidentale de l'île.

munjou, petit affluent du Sadong, rivière coulant à l'est de Sarawak, entre cette ville et le Batang-Lupar. La Simunjou est étroite, sinueuse et bordée de grands arbres, dont les branches se rejoignent au-dessus de son lit, en forme de berceau. Entre cette rivière et la mer, le pays est plat, marécageux, couvert de forêts, accidenté de quelques collines, au pied de l'une desquelles se trouvent les mines de houille. Du bord de la mer à cette colline, les Dayaks ont tracé, avec des troncs d'arbres placés bout à bout, un chemin que les indigènes, pieds nus et chargés de lourds fardeaux, parcourent avec facilité, mais dangereux pour les Européens, qui, à cause de leurs chaussures, sont exposés à glisser et à choir dans la fondrière.

Cette localité offrant de grands avantages à un amateur d'histoire naturelle, M. Wallace s'y fit construire une habitation, composée de deux pièces et d'une véranda. Il y resta neuf mois, se consacrant presque exclusivement à la chasse aux insectes.

« Sous les tropiques, dit M. Wallace, les insectes de toutes les classes, et surtout le groupe si nombreux et si intéressant des coléoptères, se rencontrent en plus ou moins grande abondance, selon la végétation : ils sont attirés par le bois, l'écorce et les feuilles à divers degrés de décomposition. Dans les forêts vierges, les insectes sont disséminés sur de vastes espaces et se trouvent seulement aux endroits où les arbres tombent de vieillesse ou sous les coups de la tempête ; 50 kilomètres carrés de pays peuvent ne pas contenir autant d'arbres renversés et vermoulus que la plus petite clairière. La quantité et la variété des coléoptères et autres insectes que l'on peut collectionner en un temps donné, dans une localité des tropiques, dépendront donc d'abord du voisinage immédiat d'une grande forêt vierge, ensuite du nombre d'arbres abattus depuis quelques mois et qui sont encore à sécher et à pourrir sur le sol. Pendant les douze années que j'ai collec-

UN VILLAGE A BORNÉO.

tionné sous les tropiques, je n'ai jamais été aussi favorisé, sous ce rapport, qu'aux mines de houille de la rivière Simunjou.

« Depuis plusieurs mois, de 20 à 50 Chinois et Dayaks étaient employés presque exclusivement à ouvrir la forêt pour un chemin de fer tracé jusqu'au fleuve Sadong, distant de 3 kilomètres. En outre, des fosses à scier étaient pratiquées sur différents points de la jongle et de grands arbres étaient abattus pour être débités en poutres et en planches. Dans toutes les directions s'étendait, sur un terrain, tantôt uni, tantôt montagneux, sur des rocs et des marais, une forêt magnifique de plusieurs centaines de kilomètres de superficie, et j'arrivais juste au moment où les pluies commençaient à diminuer et où le soleil restait plus longtemps sur l'horizon : pas de moment plus favorable pour collectionner. Les diverses clairières, librement ouvertes au soleil, attiraient aussi les guêpes et les papillons. Moyennant cinq centimes par insecte, les Dayaks et les Chinois m'apportèrent beaucoup de grandes sauterelles et une multitude de beaux coléoptères.

« Quand j'arrivai aux mines, j'avais déjà recueilli, dans les quatre mois précédents, 320 espèces de coléoptères; en moins d'une quinzaine, j'eus doublé ce nombre, ce qui faisait, en moyenne, 24 individus par jour. En un seul jour je recueillis 76 espèces différentes, dont 34 tout à fait nouvelles pour moi. Six semaines après mon arrivée, j'avais plus de 1000 espèces. Je récoltai en tout, dans l'île de Bornéo, 2000 espèces distinctes; toutes, à l'exception d'une centaine, furent trouvées en cet endroit, sur un espace de 2 kilomètres et demi carrés. Les plus nombreux et la plus intéressants de ces coléoptères appartenaient au groupe des *longicornes*, caractérisés par leurs formes gracieuses, leurs grandes dimensions, leurs longues antennes et leurs brillantes couleurs. »

En papillons, M. Wallace fut moins heureux; il en trouva

COLÉOPTÈRES DE BORNÉO.

Neocerambyx Æneas.   Diurus furcellatus.   Megacriodes Saundersii.
Cladognatus tarandus.   Ectatorhinus Wallacei.   Cyriopalpus Wallacei.

cependant un d'une espèce tout à fait nouvelle appartenant à la famille des Ornithoptères et auquel il donna le nom d'*Ornithoptera Brookeana*, en l'honneur de sir James Brooke[1]. Ce bel insecte a des ailes très longues et très pointues. Il est d'un noir foncé et velouté, avec une bande courbe de taches brillantes d'un vert métallique, s'étendant au travers des ailes, d'un bout à l'autre. Chacune de ces taches a exactement la forme d'une petite plume triangulaire et fait l'effet d'une rangée de dessus d'aile du trogon mexicain étendue sur du velours noir. Il a de plus un large collier du cramoisi le plus vif et quelques délicates touches blanches sur le bord externe des ailes.

Quant aux reptiles, l'un des plus curieux que M. Wallace ait rencontrés à Bornéo est une espèce de grenouille qui lui fut apportée par un ouvrier chinois. Elle était perchée sur un arbre élevé d'où cet individu l'avait vue descendre obliquement, comme si elle volait. Ses doigts très larges étaient palmés jusqu'à leur extrémité, de façon qu'une fois étendus, ils offraient une surface beaucoup plus large que le corps. Les pattes de devant étaient également bordées d'une membrane et le corps avait la propriété de se gonfler considérablement. Le dos et les membres étaient d'un vert foncé très brillant, le ventre et les doigts jaunes et les palmes noires rayées de jaune. La longueur du corps n'était que de 10 centimètres, tandis que les palmes de chaque côté de derrière, tout à fait déployées, avaient une surface d'environ 25 centimètres carrés. Étendues, les quatre pattes couvraient ensemble 76 centimètres carrés. Les extrémités des doigts présentant des disques d'adhésion, il est difficile d'imaginer que ces immenses membranes ne servent qu'à nager.

« Ce serait, je crois, dit M. Wallace, le premier exemple d'une grenouille volante et un cas intéressant pour les dar-

1. Sir James Brooke est l'Anglais qui devint rajah de Sarawak. Il est mort il y a quelques années.

winiens[1], comme preuve de la variabilité des pattes qui, déjà modifiées pour nager et grimper, ont pu l'être pour permettre à une grenouille de s'élancer dans les airs ainsi qu'un lézard volant. »

En fait d'oiseaux et de mammifères, M. Wallace ne recueil-

GRENOUILLE VOLANTE.

lit à Bornéo que des espèces connues et identiques à celles de Malacca. Parmi les mammifères les moins vulgaires, il recueillit cinq écureuils, des chats-tigres, le *Gymnarus Raffesii*, qui tient à la fois du cochon et du putois, et le *Cynogale Ben-*

1. Darwin est l'auteur de la théorie de la *sélection*, c'est-à-dire de la transformation successive des êtres créés, de leur passage graduel de l'imparfait au parfait.

netti, animal rare ressemblant à la loutre, pourvu d'un très large museau et couvert de longues soies de porc.

Mais ce n'était pas seulement pour chasser des insectes, des oiseaux et des mammifères que M. Wallace avait projeté et mis à exécution son excursion à Bornéo.

« Un de mes buts principaux en venant m'établir à Simunjon, dit-il, était de voir l'orang-outang (le grand singe anthropomorphe[1] de Bornéo) dans ses repaires, d'étudier ses habitudes et de me procurer de bons spécimens des différentes espèces des deux sexes, tant des animaux adultes que des petits. Je réussis au delà de mes espérances, et je vais donner quelques détails sur les observations que j'ai faites en chassant l'orang-outang ou *mias :* ainsi l'appellent les naturels, et comme ce nom est court et facile, je l'emploierai de préférence à celui de *Simia satyrus* ou d'orang-outang.

« Il y avait une semaine que j'étais aux mines lorsque je rencontrai pour la première fois un mias. J'étais dehors, collectionnant des insectes, à un quart de mille de la maison; entendant un bruissement dans un arbre près de moi, je levai la tête et vis un grand animal au poil roux avançant lentement, suspendu par les bras aux branches des arbres. D'arbre en arbre il se perdit dans la jongle, qui était si marécageuse que je ne pus le suivre. Cette manière de voyager est cependant très rare chez l'orang-outang et plus spéciale aux hylobates. Je suppose que cet animal avait quelque particularité individuelle ou que la nature des arbres rendait cette manière d'avancer plus facile pour lui.

« Une quinzaine de jours après, on m'avertit qu'un orang-outang était à manger sur un arbre du marais, juste au bas de la maison. Je pris mon fusil et je fus assez heureux pour trouver l'animal à la même place. Dès que j'approchai, il essaya de se cacher dans le feuillage, mais je pus tirer sur lui,

---

1. Ce qualificatif est composé de deux mots grecs qui signifient *forme humaine.*

ORANGS-OUTANGS.

et au second coup il tomba presque mort, les deux balles dans le corps. C'était un mâle à moitié croissance, ayant à peine 1 mètre de haut.

« Le 26 avril, je chassais avec deux Dayaks, lorsque nous trouvâmes un autre mias de la même dimension. Il tomba au premier coup, mais il ne semblait pas gravement blessé et grimpa immédiatement à l'arbre le plus proche. Je lui envoyai une nouvelle balle; il tomba de nouveau, le bras cassé et une blessure au corps. Les Dayaks le saisirent chacun d'une main; mais bien que l'animal eût un bras cassé, il était trop fort pour les deux sauvages et, malgré tous leurs efforts, il les rapprochait de plus en plus de sa gueule; ils furent obligés de le lâcher. Il grimpa pour la seconde fois à l'arbre; pour éviter une nouvelle lutte, je lui logeai une balle dans le cœur. »

Le 12 mai, M. Wallace réussit à tuer un orang-outang à toute croissance. Mais c'était une femelle, ni aussi grande ni aussi remarquable que les mâles adultes. Elle avait cependant 36 centimètres de haut et ses bras étendus mesuraient 66 centimètres. .

Quatre jours après, des Dayaks vinrent prévenir notre chasseur de la présence d'un mias à l'endroit même où il avait tué la femelle dont il vient d'être parlé. L'animal se tenait sur les plus hautes branches d'un arbre et paraissait d'une forte taille. Au second coup de feu, il tomba en roulant; mais il se releva aussitôt et se mit à grimper sur son arbre. Un troisième coup le fit tomber mort. C'était aussi une femelle arrivée à toute sa croissance et, tandis qu'on se préparait à l'emporter, on trouva un petit la face contre terre, dans le marais : il avait 30 centimètres de haut et était évidemment attaché à sa mère quand celle-ci tomba la première fois. Heureusement il semblait n'avoir pas été blessé, et quand on eut nettoyé la boue qu'il avait au museau, il commença à crier et témoigna autant de force que de vivacité.

« Pendant que je le portais à la maison, dit M. Wallace, il saisit ma barbe avec ses petites mains et la tenait si serrée que j'eus grand'peine à me débarrasser, car les doigts des orangs-outangs sont ordinairement courbés en dedans à la dernière phalange, de manière à former de véritables crochets. Il n'avait pas encore de dents, mais quelques jours après il lui perça deux dents de devant à la mâchoire inférieure. Malheureusement, je n'avais pas de lait à lui donner, car

FEMELLE ORANG-OUTANG.

ni les Chinois, ni les Malais, ni les Dayaks n'en font usage; je cherchais en vain une femelle qui pût l'allaiter. Je fus obligé de lui donner de l'eau de riz à l'aide d'une bouteille dont le bouchon avait un tuyau de plume dans le milieu; après plusieurs essais, il finit par sucer très bien tout seul. C'était une bien maigre nourriture, qui ne faisait pas engraisser le petit animal, bien que j'y ajoutasse de temps en temps du sucre et du lait de noix de coco pour rendre son eau de riz plus nourrissante. Quand je mettais mon doigt dans sa bouche, il le suçait de toutes ses forces, cherchant à extraire un peu de lait; après avoir persisté longtemps, il y renonçait avec dégoût et se mettait à crier comme le ferait un bébé en semblable circonstance.

« Lorsqu'on le tenait ou qu'on lui donnait sa nourriture, il était très tranquille et paraissait très content; mais si on le couchait, il criait toujours et ne cessait de se remuer et de faire du bruit. J'arrangeai une petite boîte en guise de berceau, je mis dans le fond une natte bien molle, qui était changée et lavée tous les jours; il fallut aussi bientôt laver le petit mias. Quand je lui eus fait cette opération plusieurs fois, il y prit goût, et dès qu'il était sale, il se mettait à crier, jusqu'à ce que je l'eusse pris et porté à l'eau; il devenait alors tranquille, sauf quelques coups de patte à la première sensation de l'eau froide, et quelques grimaces quand l'eau coulait sur sa tête.

« Il se plaisait à être essuyé et frotté, et tandis que je brossais les longs poils de son dos et de ses bras, il semblait parfaitement heureux, sans mouvement, les jambes et les bras étendus; les premiers jours, il se cramponnait en désespéré par ses quatre pattes à tout ce qu'il pouvait attraper, et il fallait faire attention à ce que ma barbe ne fût pas à sa portée, car ses doigts serraient poils et cheveux avec plus de ténacité que tout autre objet, et il m'eût été impossible de me débarrasser sans aide.

« Quand il était agité, il s'efforçait, se démenant pattes en l'air, de saisir quelque chose. Quand il tenait un morceau de bois ou de chiffon, il semblait très heureux; faute d'autre chose, il s'empoignait souvent les pattes; bientôt il prit l'habitude de croiser constamment ses bras et de saisir avec chaque main les longs poils qui poussaient juste sous l'épaule opposée. Enfin il cessa de saisir tout ce qu'il trouvait avec autant de ténacité, et je fus obligé d'inventer quelque moyen d'exercer ses membres et de leur donner de la force. Je fis une échelle de trois ou quatre échelons, sur laquelle je le mis, un quart d'heure chaque fois, pour se suspendre. D'abord il parut très content, mais ses quatre pattes ne pouvaient être dans une position commode en même temps et, après les avoir changées plusieurs fois, il lâchait une patte, puis une autre, et finissait par se laisser tomber à terre.

« Quelquefois, quand il était pendu par deux pattes, il en lâchait une et la croisait sur l'épaule opposée, empoignant ses propres poils, et comme cela lui semblait beaucoup plus agréable que le bois de l'échelon, il lâchait encore l'autre et tombait ; il croisait alors les deux mains et restait sur le dos, l'air parfaitement content et ne semblant jamais souffrir de ses nombreuses chutes. Le voyant si amateur des poils, je lui fabriquai une mère artificielle : je fis un paquet d'une peau de buffle et je le suspendis à un pied de terre. Cela parut d'abord lui convenir admirablement, car il pouvait se rouler les jambes autour et empoigner des poils.

« J'espérais avoir fait le bonheur du petit orphelin ; ce bonheur dura jusqu'au jour où il se souvint de sa mère ; il essaya de teter, se hissant près de la peau et cherchant partout la place favorable ; mais ne trouvant que poil et laine, il se fâcha, jeta les hauts cris et, après deux ou trois tentatives, abandonna tout. Un jour il avala un peu de laine ; je crus qu'il allait étouffer ; à grand'peine il reprit sa respiration et revint à lui ; je mis en morceaux la fausse mère et renonçai à ce dernier espoir de faire prendre un peu d'exercice au petit animal.

« Au bout d'une semaine, je trouvai que je pouvais lui donner à manger avec une cuiller, et je lui fis prendre une nourriture un peu plus variée et solide. Il aimait assez le biscuit bien trempé, mélangé d'œuf et de sucre, et les pommes de terre au sucre. C'était un amusement d'observer les curieux changements qui s'opéraient en lui selon son goût ou son dégoût pour ce qu'on lui donnait. Le pauvre petit léchait ses lèvres, tournait ses yeux avec béatitude quand la bouchée lui plaisait. S'il n'aimait pas ce qu'on lui offrait, il poussait des cris et lançait des coups de pieds, comme un bébé en colère.

« J'essayais d'élever le petit mias depuis trois semaines lorsque je pus me procurer un jeune singe bec-de-lièvre (*Macacus cynomolgus*). Quoique tout petit, il était très vif et pouvait manger seul. Je le mis dans la même boîte que le mias et ils devinrent immédiatement d'excellents amis, ne témoignant aucune crainte l'un de l'autre. Le petit singe s'asseyait sur l'estomac du mias et même sur sa figure, sans le moindre égard pour son compagnon. Quand je donnais à manger au mias, le singe était assis à côté de lui, ramassant tout ce qui tombait et cherchant, de temps en temps, à arrêter la cuiller au passage; aussitôt que j'avais fini, il prenait ce qui restait collé aux lèvres du mias et lui ouvrait ensuite la bouche pour voir s'il y avait encore quelque chose; après quoi il se couchait sur le ventre du pauvre animal comme sur un coussin confortable. Le petit mias se soumettait à toutes ces insultes avec la patience la plus exemplaire, trop content d'avoir près de lui quelque chose de chaud qu'il pût tenir affectueusement embrassé. Il prenait quelquefois sa revanche, car, lorsque le singe avait envie de s'en aller, le mias le tenait aussi longtemps qu'il le pouvait par la peau du dos, par la tête ou par la queue, et ce n'était qu'après un grand nombre de sauts vigoureux que le fuyard parvenait à s'échapper.

« Il était curieux d'observer les différentes manières d'être de ces deux animaux dont l'âge ne différait guère : le mias, semblable à un bébé, presque toujours couché sur le dos, roulait nonchalamment de côté et d'autre, tendait parfois ses quatre pattes en l'air, comme s'il eût voulu saisir quelque chose, mais incapable de guider ses doigts vers un objet déterminé; mécontent, il ouvrait une large bouche où les dents manquaient encore; il exprimait ses besoins par un vrai cri d'enfant. Le petit singe, au contraire, en mouvement continuel, courait et sautait à son caprice, examinait tout ce qui l'entourait, saisissait les plus petits objets avec une extrême précision, se balançait ou courait sur le bord de la boîte, et mangeait en route tout ce qu'il trouvait de bon. On ne pouvait voir de plus grand contraste, et la comparaison faisait paraître le mias plus enfantin encore. Je l'avais depuis un mois lorsqu'il parut vouloir apprendre à marcher seul. Quand il était à terre, il se traînait sur ses jambes ou roulait sur lui-même et avançait ainsi lentement. Quand il était dans la boîte, il essayait de se lever, de se hausser jusqu'au bord; une fois ou deux il réussit à tomber en dehors. S'il lui arrivait d'être sale ou affamé, ou qu'il eût été oublié en quoi que ce fût, il poussait des cris qui ressemblaient à une espèce de toux ou à un bruit de pompe, presque pareil à celui que fait l'animal adulte. S'il n'y avait personne dans la maison, ou si l'on ne répondait pas à ses cris, il s'arrêtait; mais dès qu'il entendait un pas, il recommençait de plus belle.

« Au bout de cinq semaines, les deux dents de devant de la machoire supérieure commencèrent à percer, mais pendant tout ce temps il n'avait pas grandi et ne pesait pas plus que le jour où je m'en étais emparé; cela tenait sans doute au manque de lait ou de toute autre nourriture plastique. L'eau de riz, le riz et les biscuits remplaçaient mal le lait naturel, et le lait de coco que je lui donnais quelquefois ne convenait pas à son estomac. A tout cela j'attribuai une attaque de diarrhée dont le pauvre petit souffrit beaucoup; une dose d'huile de ricin le guérit. Une semaine ou deux après, il tomba encore malade et cette fois plus sérieusement; il avait tous les symptômes de la fièvre intermittente, accompagnés d'enflure humorale aux pieds et à la tête. Il perdit l'appétit et mourut après avoir langui une semaine.

« Je l'avais depuis trois mois ; je regrettai beaucoup mon petit favori : j'avais espéré l'élever et l'emmener en Angleterre. Il m'avait bien amusé par ses drôleries et ses petites mines inimitables. Son poids était de 1 kil. 616 ; il avait 35 centimètres de haut et ses bras étendus mesuraient 58 centimètres. »

Quelques jours après la mort de cet intéressant animal, des Dayaks vinrent dire à M. Wallace qu'un de leurs compagnons venait d'être presque tué par un mias, dans les circonstances suivantes.

A quelques kilomètres en descendant la rivière, il y avait une maison dont les habitants avaient vu un grand orang-outang manger les jeunes pousses d'un palmier au bord du cours d'eau. Cet animal, effrayé, se retira dans la jongle voisine, et les hommes, armés de piques et de haches, coururent pour lui barrer le passage. L'homme qui marchait devant essaya de frapper le mias de sa lance ; mais celui-ci s'empara de l'arme, la brisa et, saisissant le bras de son ennemi entre ses dents, le mordit cruellement au-dessus du coude. Si ses compagnons avaient été loin, il aurait certainement été tué, car il ne pouvait plus se défendre ; mais l'animal fut bientôt achevé à coups de pique et de hache. Le blessé resta longtemps malade et ne recouvra jamais complètement l'usage du bras.

Sur ces entrefaites, M. Wallace se détermina à faire un petit voyage sur une branche de la rivière Simunjou, et à se rendre à Sémabang, où se trouvaient, disait-on, une grande maison dayak, une montagne couverte de fruits, des orangs-outangs et une foule de beaux oiseaux. La rivière était bordée de cases à pêcheurs pittoresquement situées au pied de collines boisées ; mais elle était tellement sinueuse que notre voyageur mit huit jours pour faire le trajet.

Il trouva à Sémabang, près du débarcadère, la maison qu'on lui avait annoncée. Élevée sur pilotis à une grande

COMBAT D'UN DAYAK ET D'UN ORANG-OUTANG.

hauteur au-dessus du sol, elle avait une longueur de **70** mètres et sa façade était précédée d'une large véranda reposant
sur une plate-forme de bambous. Presque tous les habitants
étaient absents ; ils cherchaient du miel et des nids d'oiseaux
comestibles. Il ne restait au logis que deux ou trois individus,
hommes et femmes, et des enfants.

Au bout d'une semaine passée à battre la montagne,

PONT DE BAMBOUS.

M. Wallace retourna à sa maison des mines. Il emportait la
dépouille d'un mias d'une espèce très rare (le *Simia morio*) et
d'une force vitale telle, que l'animal ne succomba qu'après
avoir été atteint de huit balles.

Suivant une autre branche de la rivière, M. Wallace se rendit à un endroit nommé Ményille, où se trouvait un petit village dayak où l'on arrivait par un pont de bambous d'une
dangereuse fragilité.

Il s'installa sous la véranda, où il aperçut de grands paniers
pleins de têtes humaines desséchées, trophées des chasses à
l'homme des précédentes générations. Pendant son séjour

CASE DE PÊCHEURS A BORNÉO.

dans cette localité, il continua sa poursuite des orangs-outangs et en récolta de nombreux spécimens. Passant sous silence toutes ces chasses dont les péripéties sont à peu près identiques, nous ne raconterons que l'épisode qui termine l'excursion de M. Wallace à Bornéo.

« En descendant la rivière pour retourner à notre habitation, nous eûmes la chance de trouver un vieux mias mâle qui mangeait sur de petits arbres croissant dans l'eau. Le pays était inondé à une grande distance et il y avait tant d'arbres et de troncs au milieu des eaux, que le bateau chargé ne pouvait passer; du reste, en approchant davantage, nous aurions effrayé le mias. C'est pourquoi j'entrai dans l'eau qui m'arrivait à la ceinture et j'avançai jusqu'à ce que je fusse assez près pour tirer.

« La difficulté était de recharger mon fusil, car j'étais si enfoncé dans l'eau, que je ne pouvais le pencher assez pour y introduire la poudre. Je cherchai un endroit moins profond et, après avoir tiré quelques coups, je vis avec joie le monstrueux animal tomber dans l'eau.

« Je le remorquai à ma suite, mais les Malais firent des difficultés pour le mettre dans le bateau; il était si lourd, que je ne pouvais l'y déposer sans leur aide. Je cherchai longtemps du regard un endroit où je pusse enlever sa peau; je n'aperçus aucune place sèche. Enfin je découvris un bouquet de vieux arbres entre lesquels il y avait quelques mètres de terrain sec, emplacement suffisant pour que nous pussions y traîner l'animal.

« En le mesurant, je constatai qu'il était le plus grand de tous les mias que j'eusse vus jusqu'alors; sa hauteur était de 1 mètre 20 et ses bras étendus donnaient une longueur de 2 mètres 36; son immense face avait 34 centimètres et demi de largeur, tandis que la plus large face que j'eusse encore rencontrée n'en mesurait que 29. Le tour du corps était de 1 mètre 06. D'après ces dimensions, je suis induit à croire

FAMILLE DAYAK.

que la longueur et la force des bras, ainsi que la largeur de la face, augmentent avec l'âge, mais que la hauteur des pieds à la tête dépasse rarement 1 mètre 27.

« Comme ce fut le dernier mias que je tuai et la dernière fois que j'en vis un adulte, je parlerai maintenant des habitudes de cet animal, en y ajoutant quelques faits qui s'y rattachent.

« Il est connu que l'orang-outang habite Sumatra et Bornéo, et tout porte à croire qu'il est confiné dans ces deux grandes îles. Il paraît beaucoup plus rare à Sumatra qu'à Bornéo; dans cette dernière contrée, il peuple de vastes districts. On le voit surtout au sud-ouest, au sud-est, au nord-est et au nord-ouest; il préfère les forêts basses et marécageuses. Il semble, au premier abord, inexplicable que le mias soit tout à fait inconnu dans la vallée de Sarawak, tandis qu'il est fréquent à Sambas, à l'ouest, et à Sadong, à l'est. Mais quand on connaît les habitudes et la manière de vivre de cet animal, on trouve une raison suffisante de cette anomalie apparente dans la constitution physique du district de Sarawak.

« A Sadong, où je l'ai observé, on ne trouve le mias que dans la partie basse, plate et paludéenne, couverte de hautes forêts vierges. Au milieu de ces marais s'élèvent quelques montagnes isolées. Les Dayaks s'y sont établis et y ont planté des arbres fruitiers. C'est assez pour attirer le mias, qui vient manger les fruits verts et se retire toujours dans le marais pendant la nuit. Dans les endroits élevés, où le sol est sec, plus de mias. L'animal est commun dans la basse vallée de Sadong; mais dès que l'on monte au-dessus du niveau des marais, là où le pays, quoique plat encore, est assez élevé, le grand singe disparaît. La vallée de Sarawak, bien que marécageuse dans sa partie inférieure, n'est pas couverte entièrement de forêts; on y trouve surtout le palmier nipa et, près de la ville de Sarawak, sur un sol qui n'est plus humide, mais ondulé et bien égoutté, des massifs de forêts vierges et des jongles poussant sur un terrain que cultivèrent autrefois les Malais ou les Dayaks.

« Il me semble qu'une étendue compacte de hautes forêts vierges est nécessaire à l'existence de ces animaux. Ces forêts sont leur véritable patrie ; ils peuvent y rôder aussi facilement que l'Indien dans la prairie ou que l'Arabe dans le désert, passant de tête d'arbre en tête d'arbre sans être obligés de descendre sur le sol. Les districts élevés et secs sont plus fréquentés par l'homme, plus coupés de clairières, et la jongle ne s'y prête pas à la manière de voyager du mias : il y serait plus exposé, plus souvent obligé de descendre à terre. Il y a probablement aussi une plus grande variété de fruits dans les districts des mias ; les petites montagnes qui s'y élèvent comme des îles sont des espèces de jardins où les arbres des terres hautes s'étagent au-dessus des plaines marécageuses.

« Il est très curieux de guetter un mias cheminant à son aise à travers la forêt : il marche résolument le long de quelques grandes branches, à moitié droit, attitude que ses longs bras et ses jambes si courtes à proportion l'obligent à prendre. La disproportion entre ses membres supérieurs et inférieurs s'accroît par la manière dont il marche sur les articulations, au lieu d'appuyer sur la paume de la main, comme nous le ferions. Il suit les branches qui s'entremêlent à celles d'un arbre voisin ; puis il étend ses longs bras et, saisissant des deux mains les rameaux, paraît en essayer la force et s'élance sans hésitation pour continuer sa marche. Il ne saute ni ne bondit et ne semble pas se presser ; pourtant il va presque aussi vite qu'une personne qui courrait dans la forêt. Ses longs bras vigoureux lui sont de la plus grande utilité ; ils lui permettent de monter facilement aux arbres les plus élevés, pour s'emparer des fruits et des jeunes feuilles sur les minces rameaux qui ne supporteraient pas son poids, et de cueillir les feuilles et les branches dont il fait son chenil. Il place ce lit assez bas, sur un petit arbre, à une hauteur de six à quinze mètres de terre, sans doute pour avoir plus chaud et pour être moins exposé au vent.

« On dit que chaque mias se fait un nouveau gîte toutes les nuits; mais je ne crois pas cela possible; on en trouverait plus de restes épars. J'en ai bien vu plusieurs autour des mines, mais ce district était sûrement visité par plusieurs orangs tous les jours, et au bout d'une seule année le nombre de leurs gîtes abandonnés aurait dû être prodigieux. Les Dayaks disent que pendant les nuits très humides le mias se couvre de feuilles de pandanus ou de grandes fougères : d'où peut-être le conte qu'il se fait des huttes dans les arbres.

« L'orang ne quitte pas son gîte avant que le soleil ait séché la rosée sur les feuilles. Il mange pendant tout le milieu de la journée : rarement il retourne après deux jours de course au même arbre. Il ne semble pas craindre beaucoup l'homme; j'en ai vu souvent me regarder pendant plusieurs minutes, puis filer tranquillement vers un arbre prochain. Quand j'en avais aperçu un, il me fallait faire parfois un mille ou deux pour aller chercher mon fusil, et presque toujours, en revenant, je retrouvais le mias sur le même arbre, ou tout au plus à cent mètres de distance. Je n'ai jamais vu deux adultes ensemble; mais les mâles et les femelles sont parfois accompagnés de jeunes orangs-outangs, d'autres fois on trouve trois ou quatre petits groupés.

« Le mias se nourrit presque exclusivement de fruits; mais il mange aussi de temps en temps des feuilles, des bourgeons, de jeunes rejetons. Il semble préférer les fruits verts; quelques-uns de ces fruits sont très acides, d'autres fort amers. Parfois il mange seulement la graine d'un fruit, il gaspille et détruit plus qu'il ne dévore; de l'arbre sur lequel il se trouve tombe constamment une pluie de débris. Le dourian est un de ses fruits préférés; partout où il croît hors de la forêt, ce fruit délicieux est mangé ou détruit par l'orang-outang, mais l'animal ne traverserait pas les clairières pour se le procurer.

FAMILLE D'ORANGS-OUTANGS.

« Il semble étonnant que le mias puisse ouvrir ce fruit dont l'enveloppe est si épaisse, si dure et couverte de si fortes épines très rapprochées; probablement il arrache d'abord quelques épines et, faisant ensuite un petit trou, ouvre le fruit avec ses doigts vigoureux.

« Le mias descend rarement à terre, excepté quand, pressé par la faim, il cherche de succulents rejetons au bord de l'eau, ou quand, par un temps très sec, il ne trouve plus de quoi boire dans le creux des feuilles.

« Une fois seulement j'ai vu deux jeunes orangs-outangs assis sous un creux de roche, en terrain sec, au pied de la colline de Simunjon. Ils jouaient tout droit, et se saisissaient par les bras. Rarement l'orang-outang marche droit; il prend cette attitude seulement lorsqu'il va se suspendre aux branches au-dessus de sa tête, ou quand on l'attaque. Le représenter marchant avec un bâton, c'est pure imagination.

« Les Dayaks déclarent tous que le mias n'est jamais attaqué par aucun des animaux de la forêt, à de rares exceptions près; les détails qu'on m'a donnés à ce sujet sont si curieux, que je vais rapporter presque textuellement ce que m'ont dit de vieux Dayaks qui ont passé toute leur vie dans les endroits fréquentés par ce singe. L'un d'eux s'exprimait ainsi : « Aucun animal n'est assez fort pour faire du mal au mias; le seul avec lequel il combatte jamais est le crocodile. Quand il n'y a plus de fruits dans la jongle, le mias cherche sa nourriture sur les bords de la rivière où il y a une grande quantité de jeunes rejetons et de fruits venant près de l'eau. Quelquefois alors le crocodile essaye de le saisir; mais le mias saute sur lui, le frappe de ses mains, de ses pattes, le déchire et le tue. »

« Le vieux Dayak ajoutait qu'il avait été témoin d'un semblable combat et qu'il croit le mias toujours vainqueur.

« L'autre Dayak, Orang-Kaga ou chef des Dayaks-Balous, qui habitent la rivière Simunjon, me parla en ces termes : « Le mias n'a pas d'ennemis; nul animal n'ose l'attaquer, sauf le crocodile et le serpent python. Il tue toujours le crocodile par la force ; se tenant sur lui, il lui arrache les mâchoires et lui met la gorge en pièces. Si un python attaque un mias, celui-ci le saisit, le mord et le tue. Le mias est très fort ; il n'y a pas dans la jongle d'animal aussi vigoureux que lui. »

« Il est très remarquable qu'un animal si grand, si original, d'un type aussi supérieur que l'orang-outang, soit confiné dans un district aussi limité, dans deux îles, presque les dernières habitées par les grands mammifères ; car à l'est de Bornéo et de Java les quadrumanes, les ruminants, les carnivores et d'autres groupes de mammifères vigoureux diminuent rapidement et disparaissent. Quand nous considérons, en outre, que presque tous les autres animaux ont eu, dans les premiers âges, des précurseurs ; que ces précurseurs, tout en ressemblant par la forme aux types qui leur ont succédé, s'en écartaient cependant en beaucoup de points ; qu'à la fin de la période tertiaire l'Europe était habitée par des ours, des daims, des loups et des félins, l'Australie par des kangurous et autres marsupiaux, le sud de l'Amérique par de gigantesques tardigrades et par des fourmiliers, tous animaux différents de ceux qui existent maintenant, quoique alliés intimement à eux, nous avons toute raison de croire que l'orang-outang, le chimpanzé et le gorille ont eu aussi leurs précurseurs. Avec quel intérêt le naturaliste doit-il attendre l'époque où les cavernes et les dépôts tertiaires des tropiques seront entièrement reconnus ! Alors on s'édifiera sur l'histoire des singes anthropomorphes et sur la forme sous laquelle ils ont fait leur apparition dans le monde.

« J'ai examiné moi-même, aussitôt après leur mort, dix-sept orangs-outangs ; je les ai tous mesurés soigneusement, et j'ai conservé la carcasse de sept d'entre eux. Je me suis aussi procuré deux squelettes d'orangs-outangs tués par d'autres personnes. Il y avait, dans cette série, seize adultes : neuf mâles et sept femelles. La taille des adultes mâles, me-

surée exactement de la tête aux talons, de manière à donner
la hauteur de l'animal s'il se tenait parfaitement droit, varie
de 1 mètre 24 à 1 mètre 27 seulement; la longueur des bras
étendus, de 2 mètres 18 à 2 mètres 33, et la largeur de la
face de 25 à 34 centimètres. Les dimensions données par les
autres naturalistes s'accordent avec les miennes. Quelques
personnes, cependant, ont déclaré avoir mesuré des orangs-
outangs de dimensions plus considérables, plus grands même
que le gorille, le grand singe d'Afrique. Mais je dois dire qu'il
est très facile de se tromper sur la hauteur vraie de ces animaux. »

FORGERONS A BORNÉO.

CHAPITRE III

Sumatra.

Le bateau à vapeur faisant le service de Batavia (île de Java) à Singapour déposa M. Wallace à Minto, ville principale de l'île de Banca, séparée par un canal de l'île de Sumatra.

Ce détroit, il le traversa dans une grande chaloupe non pontée, manœuvrée à la voile. Arrivé à la côte, il loua un bateau de pêcheur pour remonter le fleuve jusqu'à Palembang [1].

Cette ville est spacieuse et longe, sur 5 à 6 kilomètres, les deux rives du fleuve, qui en cet endroit forme une courbe assez prononcée. Le lit, large comme la Seine à Rouen, est rétréci par deux lignes de maisons bâties les unes sur pilotis, les autres sur des radeaux amarrés à des pieux par des

1. Sumatra, l'une des grandes îles de la Malaisie, a 700 kilomètres de longueur sur 390 dans sa plus grande largeur et 6 000 000 d'habitants. Elle est séparée de la péninsule de Malacca par le détroit du même nom. Les indigènes sont Malais et presque tous musulmans. La partie indépendante se compose des royaumes de Siak, d'Achem et du pays des Battas; la partie hollandaise comprend la résidence de Palembang et de Padang. Elle est traversée par une longue chaîne de montagnes qui renferme quatre volcans, et dont le pic le plus élevé, le Gounong-Api, a 4500 mètres d'altitude. L'île de Sumatra a été découverte en 1508 par le Portugais Figueira; les Hollandais s'y sont établis en 1625.

2. Palembang, la capitale des possessions hollandaises de Sumatra, est située sur le fleuve du même nom, à 100 kilomètres de la mer. Elle renferme 30 000 habitants. C'est la ville malaise la plus sûre pour les Européens.

câbles de bambous. Aussi ce lit remplit-il l'office d'une immense rue sur laquelle s'ouvrent les cases ou plutôt les boutiques; les emplettes se font en canot. Les indigènes sont Malais, les commerçants, Arabes ou Chinois; la partie européenne de la population se compose uniquement des employés civils ou militaires du gouvernement hollandais.

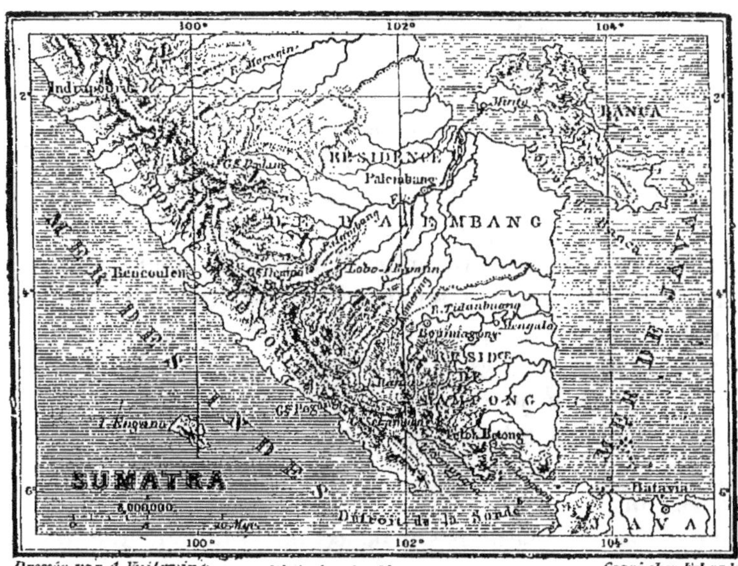

Dressée par A. Vuillemin.   Itinéraire du Voyageur ▬▬▬   Gravé chez Erhard.

L'ondulation de terrain sur laquelle est construite Palembang se dresse, à 4 kilomètres en arrière de la ville, en une petite colline dont le sommet, considéré comme sacré par les indigènes, est ombragé de beaux arbres servant d'habitation à une colonie d'écureuils à demi apprivoisés. Il suffit de leur montrer des fruits ou des miettes de pain pour que ces gracieux animaux descendent du tronc à toute vitesse; ils prennent dans la main ce qu'on leur présente et repartent avec autant de rapidité.

Leur queue, relativement perpendiculaire, est couverte de longs poils formant des anneaux gris, jaunes et bruns, rayonnant dans tous les sens et produisant un charmant effet. Ils ont quelque chose des mouvements furtifs de la souris, avançant, reculant, regardant de leurs grands yeux avant de quitter décidément leur retraite.

« Les Malais, dit à ce propos M. Wallace, savent parfaitement s'attirer la confiance des animaux, et ce talent, un des traits les plus aimables de leur caractère, vient en grande partie de leurs manières calmes et posées, résultat d'un amour excessif du repos. Les enfants obéissent aux moindres désirs des personnes plus âgées et ne semblent point atteints de cette fièvre de malice qui possède la plupart de nos petits garçons. Combien de jours des écureuils nicheraient-ils en paix sur des arbres à proximité d'un village, d'une église même ? On les aurait bientôt chassés à coups de pierres ou emprisonnés dans les cages tournantes. Je ne crois pas qu'on ait jamais, dans nos pays, essayé d'attirer près des habitations des colonies de ces jolis rongeurs : il ne serait pas difficile de réussir dans le parc de quelque château. »

Après bien des hésitations, notre voyageur se décida à se rendre dans les montagnes, où il espérait rencontrer de nombreuses richesses naturelles. Dans ce but, il lui fallait, après une journée de voyage par eau, suivre la route militaire qui conduit aux montagnes et même jusqu'à Bencoulen ; de cette manière, il évitait les terres marécageuses et les rivières difficiles à remonter en cette saison.

« Parti de fort bonne heure, dit-il, j'arrivai fort tard à Lorok, tête de la route stratégique. J'y séjournai peu de jours, les terrains émergeant des eaux étant tous en culture ; la forêt, complètement inondée, me donna un seul présent : la jolie perruche à longue queue (*Palæornis longicauda*). Les indigènes assuraient que le pays avait exactement le même aspect pendant huit journées de marche, et né semblaient

guère comprendre ce que peut être une contrée montueuse
et boisée. Je n'avais pas assez de temps à ma disposition pour
le perdre sans profit, et je songeais à retourner à Palembang,
lorsqu'un indigène plus intelligent, et qui avait quelque peu
voyagé, m'indiqua le district de Rembang, à une quarantaine
de kilomètres de Lorok.

« La route se divise en étapes régulières de 15 à 16 kilomètres, et l'on n'en peut faire qu'une seule par jour, à moins
de prévenir à l'avance pour que les relais de coulis ou porteurs se tiennent prêts. A chaque station se trouve une sorte
d'hôtel ou plutôt de caravansérail muni d'écuries, d'une
cuisine et d'un poste de six ou huit hommes. Un système de
corvées, établi par les Hollandais, oblige tout habitant des
villages voisins à faire le service de porteur ou de garde cinq
jours de suite et moyennant un prix convenu : arrangement
des mieux organisés, au moins pour le voyageur. Ma traite
de 20 kilomètres finie, je pouvais me promener à loisir : mon
gîte était prêt.

« Le surlendemain j'arrivai à Moera-Dura, premier village
du Rembang; le sol en est sec et montueux, avec quelque
commencement de forêt : aussi me décidai-je à y tenter la
fortune. Juste en face de la station coule une rivière étroite
et profonde, où je pouvais me baigner ; au delà du village,
la route traverse un terrain boisé et s'ombrage d'arbres magnifiques; mais deux semaines de séjour n'enrichirent guère
ma collection d'insectes et ne me donnèrent que peu d'oiseaux d'espèces différentes de celles de Malacca. Je trans-
portai donc tout mon attirail à Lobo-Raman, où la maison de
garde est située dans la forêt même, au centre d'un triangle
de villages éloignés chacun de près d'une demi-lieue. Solitude
d'autant plus désirable que je pouvais aller et venir sans que
le moindre de mes mouvements fût surveillé par des foules
curieuses. »

Les villages malais de Sumatra ont une physionomie pittoresque et quelque peu singulière. On commence par entourer de hautes palissades une superficie de plusieurs ares, qui se peuple bientôt de cases éparpillées çà et là, sans prétention aucune à la régularité. Elles sont séparées par de grands cocotiers et le sol devient bientôt aride et dur sous les pas des habitants.

Chaque case est perchée sur des pilotis de deux mètres de haut; les plus cossues sont en planches, les autres en bambous; les premières, toujours plus ou moins décorées de sculptures, ont des toits terminés en pointe aiguë et avançant comme ceux des chalets. Les pignons, les pilotis et les poutres sont parfois travaillés avec un goût parfait, surtout dans le district de Menangkabo, vers l'ouest de la grande île.

Le plancher, vacillant sous les pas, se compose de lattes de bambous; bancs, chaises et tabourets sont inconnus dans les cases; les nattes étendues sur le parquet servent de sièges, de tables et de lits.

Au premier abord, le village paraît fort propre; le devant des belles maisons se balaye régulièrement; mais l'odorat est désagréablement affecté par les émanations de la fosse infecte qui, dans chaque logis, reçoit toutes les saletés possibles qu'on jette à travers les claires-voies du plancher. Pourtant les Malais aiment la propreté; ils la poussent parfois jusqu'à la minutie, et, sans aucun doute, cette dégoûtante habitude est une tradition de leur vie semi-aquatique d'autrefois. Leurs ancêtres élevaient leurs demeures sur des pilotis plongeant dans l'eau; en émigrant d'abord le long des fleuves et de leurs affluents, puis dans l'intérieur des terres, les indigènes ont conservé un usage pratiqué depuis de si longues années qu'il faisait partie de leur existence de tous les jours; du reste, tant qu'ils ne sauront pas creuser d'égouts, leurs maisons sont disposées de telle sorte que ce système est encore celui qui présente le moins d'inconvénients.

La saison des légumes était passée et M. Wallace trouvait

difficilement à se nourrir. Il finit cependant par se procurer quelques ignames très dures et à peine mangeables. La volaille est rare dans ce canton, et il n'y a d'autre fruit qu'une médiocre espèce de bananes. Pendant la saison des pluies, les indigènes se nourrissent exclusivement de riz. Et cependant ils paraissent à l'aise; les femmes et les enfants ont des colliers et des pendants d'oreilles formés de pièces d'argent, et du poignet au coude leurs bras sont décorés de bracelets du même métal.

A mesure que l'on s'éloigne de Palembang, la langue malaise vulgaire se corrompt et devient de moins en moins intelligible. Cette contrée avait jadis la réputation la plus détestable; plusieurs voyageurs y ont été assassinés ou dépouillés. Les disputes entre villages avaient presque toujours une issue sanglante. On n'y entend plus parler de meurtres depuis que le pays est divisé en districts, administrés par des contrôleurs qui visitent les bourgs les uns après les autres, écoutent les plaintes et arbitrent les querelles.

C'est encore là un des nombreux exemples de l'influence salutaire du gouvernement hollandais. Il exerce une surveillance active sur ses colonies les plus lointaines, établit une administration adaptée aux mœurs du peuple, réforme les abus, punit les crimes, et se fait respecter des populations indigènes.

Lobo-Raman est située au centre à peu près de la partie orientale de Sumatra; au nord, au sud, à l'ouest, la mer n'en est éloignée que d'une quarantaine de lieues. Le terrain est peu ondulé; on n'y voit ni montagnes, ni collines, ni rochers; il se compose d'argile rougeâtre et friable. Une foule de rivières, de petits ruisseaux et de sentiers le coupent en tous sens; les arbres à fruits y sont abondants. Malheureusement, notre voyageur s'y trouvait pendant la saison humide, les insectes étaient rares et l'absence des fruits sur les arbres en éloignait les oiseaux. De ceux-ci, en un mois, il ne put se

UN VILLAGE A SUMATRA.

procurer que trois ou quatre espèces nouvelles. Il fut plus heureux en insectes et trouva quelques papillons inconnus. Deux de ces papillons lui fournirent un sujet d'études du plus haut intérêt.

« Le premier, dit-il, est le *Memnon*, splendide lépidoptère d'un beau noir, rayé de lignes et semé de mouchetures écailleuses bleu cendré clair. Ses ailes déployées ont près de 13 centimètres d'envergure; les postérieures, de forme arrondie, sont découpées en festons. Cela pour les mâles; car les femelles varient tellement entre elles, qu'on les avait d'abord distribuées en plusieurs espèces différentes. On peut les diviser en deux groupes : celles qui ressemblent au mâle, et celles qui en diffèrent tout à fait. La couleur des premières est rarement constante, parfois presque blanche, panachée de rouge et de jaune sale; mais le cas se rencontre fréquemment parmi les papillons. Quant aux secondes, on ne peut d'abord croire qu'elles n'appartiennent pas à une famille tout à fait distincte; les ailes postérieures se terminent par une sorte de cuiller dont on ne trouve point le rudiment chez les autres individus de même espèce; elles n'offrent jamais les teintes foncées et bleu chatoyant des mâles et d'une partie des femelles, mais elles sont toutes marquées de raies et de taches blanches ou fauves qui occupent la presque totalité des ailes inférieures. La persistance de ces couleurs m'amena à constater la similitude presque absolue qui existe entre cet insecte, au vol, et le papillon *Coön*, lépidoptère du même genre, mais d'un groupe différent.

« Nous aurions donc ici un cas de « déguisement »[1]. La ressemblance ne saurait être fortuite, car, dans le nord de l'Inde, où le papillon *Coön* est représenté par une forme

---

1. Dans son ouvrage sur *la Terre*, M. Élisée Reclus se sert du mot *déguisement* pour signaler ce phénomène. M. Perrier, dans ses cours scientifiques, emploie celui de *mimétisme*, de *faculté protectrice*, de *forme protectrice*.

1, 2. DISSEMBLANCE DES FEMELLES DU PAPILLON MEMNON. — 3. KALLIMA PARALECTA.
4. LE MÊME AU REPOS.

alliée, le papillon *Doubledayi*, ayant des taches rouges au lieu de taches jaunes, la femelle à ailes caudées du papillon *Androgens*, proche parent ou simple variété du *Memnon*, est aussi mouchetée de rouge. La raison de cette similitude vient peut-être de ce que ces insectes appartiennent à une famille qui, pour une raison ou pour une autre, n'est pas poursuivie par les oiseaux.

« Le *Kallima paralecta*, papillon non moins remarquable, a le dessus des ailes d'un violet splendide, panaché de cendré; les ailes supérieures sont traversées par une large bande orange foncé, très apparente quand l'insecte est au vol. Il n'est pas rare dans les halliers et les bois arides, et j'éprouvai beaucoup de difficulté à le capturer, car, après avoir voltigé un instant, il disparaissait dans un buisson ou parmi les feuilles. Une autre raison le rend très difficile à surprendre.

« Le bout des ailes supérieures se prolonge en fine pointe rappelant celle qui termine les feuilles de la plupart des arbustes et des arbres tropicaux, tandis que les ailes postérieures, de forme un peu obtuse, finissent par une sorte de queue épaisse et comme tronquée. Entre ces deux points court une ligne courbe et plus foncée, reproduction frappante de la nervure médiane d'une feuille, et d'où rayonnent obliquement, de chaque côté, des traits qui imitent assez bien les veines latérales de la feuille.

« Cet insecte se pose toujours sur les rameaux desséchés, et lorsque ses ailes sont relevées et pressées les unes contre les autres, le contour en rappelle singulièrement celui d'une feuille flétrie, ridée et légèrement recourbée. La pointe des ailes postérieures forme un pétiole parfait, appuyé sur la tige, tandis que le corps porte sur la seconde paire de pattes, à peine visibles au milieu des brindilles qui l'entourent. La tête et les antennes, rétractées en arrière, au moyen d'une échancrure de la base des ailes, sont complètement dissimulées entre celles-ci. Tous ces détails divers se combinent

pour produire une imitation presque parfaite, et les mœurs
de ces insectes en utilisent les particularités de manière à
nous enlever toute hésitation sur le but d'un « déguisement »
dont les résultats sont si efficaces. Ce papillon vole vite et,
tant qu'il est dans l'air, échappe souvent à ses ennemis; mais
si, au repos, il montrait ses couleurs éclatantes, il ne saurait
éviter les oiseaux et les reptiles insectivores qui foisonnent
dans les forêts tropicales.

« Une espèce très voisine, le *kallima inachis*, habite l'Hi-
malaya, d'où l'on nous en envoie dans chaque collection. De
tous les individus que nous y trouvons, il n'y en a pas deux
exactement semblables; mais chacune de leurs variations de
contour ou de nuance répond à celles qu'on remarque dans
les feuilles mortes. Sur quelques sujets même on voit des
mouchetures noires, ressemblant tellement à ces champignons
microscopiques qui croissent sur les plantes, qu'au premier
abord on croirait les papillons envahis par ces végétations
morbides. »

Les singes pullulent à Sumatra; à Lobo-Raman, des espèces
de Semnopithèques, guenons de forme assez grêle, à queue
très longue, fréquentent les arbres qui ombragent le poste
et parmi lesquels se trouvait un *Polyalthea*, arbre bizarre,
très commun dans les forêts de Sumatra.

Un autre singe, également fort commun dans cette région,
c'est le samiang; mais il est beaucoup plus craintif que les
précédents et se tient exclusivement dans la forêt. Par une
conformation spéciale, il a les deux premiers doigts du pied
gauche complètement réunis.

« J'en achetai un tout jeune à des indigènes qui l'avaient
garrotté si étroitement que le pauvre animal était tout
écorché. Fort effarouché d'abord, il essayait de mordre; mais
quand, après l'avoir débarrassé de ses liens, je lui donnai
deux poteaux sous la véranda, ne le retenant que par une
ficelle fixée à un anneau courant le long de la barre, il se

calma peu à peu et se balançait tout le jour avec un zèle infatigable. Je le nourrissais de riz et de fruits de toutes sortes;

mais il mourut au moment où je comptais l'emmener avec moi en Angleterre.

« Dès le commencement, il m'avait pris en grippe et j'essayai de l'apprivoiser en le faisant manger moi-même. Malheu-

reusement il me mordit si fort, que je perdis patience et lui
infligeai une correction sévère; depuis, il me détesta sans
retour, mais il jouait volontiers avec les domestiques malais,
faisant la voltige d'un poteau à l'autre pendant des heures
entières et grimpant sur les bambous de la véranda avec une
aisance et une rapidité singulières. A Singapour, il excita la
curiosité générale; c'était le premier samiang qu'on y voyait
en vie, quoique cet animal ne soit pas rare dans quelques
districts de la péninsule de Malacca. »

L'orang-outang habite Sumatra; c'est même dans cette île
qu'on l'a primitivement découvert; mais, lors du voyage de
M. Wallace, les employés hollandais ne le connaissaient point
et les indigènes qu'il questionna n'en avaient même jamais
entendu parler. Il se cantonne probablement dans quelques
régions du nord-ouest, partie de l'île encore sous la domination exclusive des princes indigènes.

L'éléphant devient rare et disparaît devant l'extension des
cultures. Le rhinocéros est encore commun; M. Wallace en
aperçut un qui prit la fuite en écrasant la jongle sous son
poids.

Le galéopithèque ou lémure volant[1] est beaucoup moins
rare à Sumatra qu'à Singapour et à Bornéo. Une large membrane s'étalant tout autour de son corps jusqu'à l'extrémité des
orteils et la pointe d'une queue assez longue permettent à ce
singulier animal de sauter obliquement d'un arbre à un
autre. Pendant le jour, sa démarche est d'une nonchalance
extrême; il grimpe par étapes de quelques pieds à peine et
s'arrête comme pour reprendre des forces; tant que le soleil
est sur l'horizon, il reste cramponné au tronc des arbres; sa

---

1. Encore un de ces animaux de transition, que l'on rencontre si fréquemment
dans l'étude de la zoologie. Il appartient à l'ordre des quadrumanes (singes),
mais il tient à la fois aux chéiroptères (chauves-souris) par sa membrane inter-
digitale et aux insectivores par son système de dentition. Sa faculté de grimper
aux arbres lui a valu son nom de *galéopithèque*, qui veut dire *chat-singe*.

fourrure brune ou olivâtre, semée de taches et de mouchetures blanches, se confond assez bien avec les teintes de l'écorce et le dissimule aux yeux de ses ennemis. A la clarté du crépuscule, M. Wallace vit un de ces animaux escalader un arbre, puis glisser obliquement dans les airs jusqu'à un tronc assez éloigné sur lequel il s'abattit tout près du sol, pour recommencer immédiatement son ascension. La distance entre les deux arbres était d'environ 60 mètres, et cependant il ne tomba qu'à 10 ou 12 mètres au-dessous de la hauteur précédemment conquise. Le galéopithèque doit donc avoir la faculté de diriger sa route à travers l'espace; autrement il lui serait difficile d'atteindre juste au tronc qui lui sert de but.

Le lémure volant ne se nourrit guère que de feuilles; il a un estomac très volumineux et des instestins aux circonvolutions nombreuses. Le cerveau est fort petit, et cet animal a une ténacité telle, qu'il est presque impossible de le tuer par les moyens ordinaires. Sa queue pendante lui sert à se mieux cramponner quand il mange. Il n'a qu'un petit à la fois, dit-on, et M. Wallace a, en effet, tué une femelle sur la poitrine de laquelle s'attachait un pauvre être nu, aveugle et très ridé. La peau du dos du lémure s'étend jusqu'à la membrane qui lui sert, pour ainsi dire, d'ailes; elle est peu fournie de poils, mais fort douce au toucher.

« Je retournai à Palembang par eau, dit M. Wallace, et pendant que j'attendais dans un village qu'on calfeutrât notre embarcation, j'eus la bonne fortune d'ajouter à mes trésors trois calaos de la grande espèce (*buceros bicornis*), le mâle, la femelle et son petit. Mes chasseurs, que j'avais envoyés à la découverte, m'apportèrent d'abord le père; ils venaient de le tuer pendant qu'il donnait à manger à sa femelle, « murée » dans le creux d'un arbre. J'avais souvent entendu parler de cette singulière habitude et je m'empressai de me rendre sur les lieux en compagnie de quelques indigènes.

« Après avoir traversé un ruisseau et une tourbière, nous

arrivâmes à un grand arbre incliné sur l'eau; sur sa face inférieure, à une vingtaine de pieds environ, paraissait un large
pâté de boue, percé d'une petite ouverture. J'entendais la

CALAO ET SON PETIT.

voix rauque de l'oiseau, je le voyais avancer l'extrémité de
son bec. J'offris une roupie au grimpeur qui voudrait me le
remettre avec son œuf ou son petit; mais personne ne faisant

mine de se risquer, je m'en retournai assez décontenancé. Une heure après, un cri enroué vint frapper mes oreilles : on m'apportait ce que j'avais demandé. Le jeune était bien le plus drôle d'oiseau qu'on pût voir : aussi gros qu'un pigeon, il n'avait pas encore un atome de duvet. Très dodu, mou, avec une peau translucide, il ressemblait à une boule de gelée dans laquelle on aurait planté une tête et des pattes. »

Plusieurs espèces de grands calaos ont les mêmes mœurs que le *buceros bicornis*. Le mâle cloître sa compagne et son œuf pendant toute la période de la couvaison, et pourvoit à leurs besoins jusqu'à ce que le jeune ait tout son plumage. Voilà encore un de ces faits d'histoire naturelle que l'on peut dire « plus étrange qu'une fiction ! »

CHAPITRE IV

Java.

A tous les points de vue, Java[1] est probablement la plus
belle et la plus intéressante des îles tropicales du monde. Sa
longueur est de 965 kilomètres, sa largeur de 193, et sa superficie à peu près égale à celle de l'Angleterre. Elle est couverte de magnifiques forêts et renferme 38 volcans, dont
certains atteignent une altitude de 3 à 4000 mètres. Quelques-
uns de ces pics sont en incessante activité et présentent tous
les phénomènes produits par les feux souterrains, sauf celui
de la lave, inconnue dans l'île. Grâce à l'humidité du climat et
à l'ardeur de la température, toutes les montagnes de l'île
sont couvertes, de la base au sommet, d'une luxuriante verdure. Le sol, partout d'une fertilité extrême, donne presque
sans culture les fruits des régions tropicales en même temps
que ceux des régions tempérées. En un mot, Java serait un
véritable paradis terrestre, sans la chaleur malsaine de son
climat, origine de fièvres pernicieuses qui, de temps à autre,

1. L'île de Java, séparée de celle de Sumatra par le détroit de la Sonde, est
située entre 104°-112° de longitude est et 4°-8° de latitude sud. Elle a une population de 10 000 000 d'habitants, dont 150 000 Chinois et 15 000 Européens. On
croit que Java est la *Jabadii insula* de Ptolémée; au XIII° siècle, sa capitale était
Madjapahit. Le mahométisme s'y introduisit vers 1400. Les Portugais y abordèrent
en 1511 et y fondèrent des établissements qui leur furent enlevés par les Hollandais en 1596. Les Anglais s'en emparèrent en 1811 et la rendirent à la Hollande cinq ans après.

déciment la population, et sans les tigres, les boas et autres animaux féroces qui pullulent dans ses superbes forêts.

M. Wallace avait pris terre à Sourabaya, ville forte de 80 000 habitants, située sur la côte nord-est et distante de Batavia, la capitale de l'île, de quatre jours de mer. Pendant cette traversée, on ne perd presque pas la côte de vue, et l'on est à chaque instant croisé par les nombreux bâtiments caboteurs arabes, malais et chinois, qui sillonnent en tous sens la mer de Java.

Les embarcations malaises sont munies de flotteurs de bambous adaptés à la coque et dont l'emploi est assez singulier. Non seulement cet appendice sert à empêcher le bateau de chavirer, mais encore il permet au patron de prendre dans sa voile infiniment plus de vent qu'il ne pourrait le faire sans cela. Par les brises les plus redoutables, le patron fait placer un, deux ou trois de ses hommes sur le flotteur au vent de la barque qui, par le poids, est maintenu dans une position convenable. De là l'expression malaise : vent de un, de deux, de cinq hommes.

La rade peu sûre de Sourabaya est placée dans le détroit du Madura, formé par l'île de ce nom et la côte de Java. La côte de cette île est basse, plate et couverte, comme celle de Java, de la végétation qui inonde toutes ces contrées. Les eaux rapides, jaunes et boueuses du détroit sont infestées par des requins et, plus près des côtes, par des crocodiles. De la rade on aperçoit à peine la ville, trahie seulement par quelques colonnes de fumée qui montent perpendiculairement dans le ciel. Comme à Batavia, on s'y rend, de la mer, par un grand canal, dont les berges empierrées disparaissent sous des plantes à larges feuilles du plus gracieux effet. Au milieu de la double haie des caboteurs indigènes glisse la nombreuse flottille des canots, des yoles et des praos.

Assis devant l'hôtel où il avait élu domicile, M. Wallace ne pouvait se lasser de considérer la foule qui circulait devant

CÔTE DE L'ILE DE MADURA.

ses yeux : véritable lanterne magique aux images originales et variées. Sous les arbres sommeillent des coulies et des porteurs d'eau; d'autres déchargent et chargent les chalands et les barques venus du large ou de l'intérieur. Des marchands ambulants viennent offrir à l'Européen mille objets curieux en corne, en écaille, en ivoire, des cigares, des étoffes indigènes, ou, chose beaucoup plus intéressante pour un naturaliste, de magnifiques oiseaux des Moluques et de Célèbes : cacatois d'un blanc saumon à huppe rouge de sang, gros perroquets violets et marron, perruches vertes et grises, loris rouges à ailes bleues ou vertes, la plus belle espèce de la famille des perroquets.

Dans la rue, va et vient une population bizarre, mélangée de Chinois, de Malais et surtout de Javanais, vêtus de costumes aux longs plis et de couleur peu voyante; le bleu foncé, le rouge brun et le noir dominent. Cette foule est sillonnée sans cesse par des palanquins. Ceux des Chinois ressemblent à des niches à chiens, sauf leurs panneaux à jour et leurs peintures or et vert; ceux des Javanais, beaucoup plus simples, se composent d'un hamac suspendu à une traverse de bambou et abrité du soleil par un petit toit en natte de palmier ou de bambou. Sur la rivière Kahli-Mass (fleuve d'or) passent et repassent de longs bateaux de charge dont la poupe et la proue sont gracieusement recourbées et que les mariniers dirigent au moyen des avirons qui y sont fixés.

Le riz bouilli à la vapeur, fort peu cuit et assaisonné de piment, forme la partie substantielle et nutritive de l'alimentation des Javanais. Mais ils y ajoutent des s'mbals-s'mbals ou condiments destinés à en relever le goût. Les s'mbals-s'mbals se composent de deng-deng[1], de poissons salés et séchés vivants au soleil, d'œufs couvés et salés et de hachis de viande parfumés à la rose, au jasmin; les autres condiments sont

____

1. Viande de buffle coupée en morceaux, salée et séchée au soleil.

de nature végétale, comme les germes de différentes plantes et les tranches de coco sautées au piment. Tous sont servis en fort petite quantité dans des plats à compartiments où chacun choisit ceux qui répondent le mieux à son goût ou à ses habitudes.

La première fois que ces saveurs étranges frappent un palais européen, elles produisent une douleur réelle, une sensation épouvantable de brûlure qui passe de la bouche à l'estomac et semble toujours augmenter. On boit, mais l'eau ne fait qu'activer et répandre par tout le corps l'horrible cuisson; on croit avoir avalé des charbons ardents; on demande un miroir pour s'assurer si l'on a encore de la peau sur les lèvres et sur la langue. Cependant cette singulière impression se calme peu à peu, et, si l'on a le courage de renouveler l'expérience, on habitue assez vite ses organes à ces épices accumulées, si bien que la cuisine javanaise, très propre d'ailleurs à exciter l'appétit, finit par devenir indispensable.

On voit à Sourabaya une curiosité d'histoire naturelle tout à fait extraordinaire et encore assez peu connue, quoique certains savants s'en soient déjà préoccupés. Il s'agit de perles vives, qu'on nourrit avec du riz et qui se reproduisent. Dans la relation de son voyage à Java, M. de Molins affirme avoir vu, chez une dame européenne, sept perles réunies dans une petite boîte : deux d'entre elles étaient le père et la mère de la jeune famille.

Il résulte des renseignements recueillis par ce voyageur que les Indiens et les Chinois possèdent une espèce de perles toute semblable à celle des perles fines et dont ils savent obtenir des rejetons. Pour élever cette famille de perles, il suffit de lui donner un peu de riz, des bains de mer, au moins trois fois par semaine, et de la tenir à l'abri des odeurs fortes, comme celles du tabac, de l'ambre et surtout de l'eau de Cologne.

C'est à Sourabaya que M. Wallace put observer de plus près les mœurs des Javanais, constater leur intelligence, leurs ressources, leur art, leur industrie, en même temps que les crimes auxquels, comme dans nos milieux civilisés, les poussent la passion ou l'intérêt.

L'un des traits de caractère les plus remarquables de cette race, en raison des sanglantes péripéties qu'il provoque, c'est ce que l'on nomme l'*amok*.

Le Javanais est généralement doux et timide. Aussi, quand il a conçu la pensée d'un crime, a-t-il besoin, pour s'exciter à le commettre, de recourir à l'ivresse. Il choisit la plus terrible, celle de l'opium. Une fois sous l'empire de ce funeste poison, il court se précipiter, le kriss (poignard malais) à la main, sur la victime qui a excité sa haine, et l'égorge sans pitié. Mais, jamais assouvi par ce premier meurtre, il se met à courir au hasard, tuant ou blessant tous ceux qu'il rencontre. On a vu des Indiens, ivres d'opium, assassiner jusqu'à quinze ou dix-sept personnes. C'est ce qu'on appelle faire *amok*.

Dès que le cri *Amok!* se fait entendre dans un kampong, les veilleurs de nuit et la garde urbaine prennent immédiatement les armes ; les uns frappent le *thong-thong*, les autres poursuivent le fugitif. On se rend d'abord maître de lui à l'aide de ces grandes fourches qu'on nomme *bandhill*[1], et ordinairement on l'exécute séance tenante.

Notre voyageur fut témoin d'une de ces terribles scènes dans les circonstances suivantes :

---

1. Le *bandhill* est une arme neutre extrêmement ingénieuse. C'est une fourche dont les deux branches sont garnies d'une plante épineuse (*doëri*), de manière que les épines, tournées dans le sens du manche, pénètrent dans les chairs du patient, et non seulement l'empêchent de s'échapper, mais paralysent tous ses mouvements et le rendent d'une docilité parfaite. L'homme le plus furieux est subitement dompté par l'horrible douleur que lui causent, quand il est enfourché par le bandhill, les milliers d'épines qui lui labourent les côtes ; il suit alors comme un chien celui qui tient le manche de cette arme redoutée à si juste titre des indigènes. On ne délivre le prisonnier qu'en dénouant les ligatures de rotin qui retiennent autour des branches de la fourche les joncs épineux en question.

Ali, cuisinier de l'hôtel où il résidait, était un bon serviteur que son zèle et son honnêteté avaient déjà fait apprécier et estimer de tous. Bien payé, considéré par ses compagnons et par ses maîtres, Ali avait tout ce qu'il faut pour être heureux. Mais il aimait; il aimait Léda, sa petite cousine, Léda, aussi belle qu'insensible. Vainement il lui avait fait les plus brillants cadeaux : sahrongs aux riches couleurs, bagues en

ANOK (EFFET DE L'OPIUM SUR LES MALAIS).

malachite, bracelets en argent niellé et ciselé; vainement il chantait les charmes de la cruelle jeune fille, ses dents noires, ses joues dorées comme l'écorce du mangoustan, ses yeux de charbon, ses sourcils arqués comme la feuille de siry. Léda refusait toujours de lui donner sa noire main.

Tout à coup il apprend que Léda, au mépris d'une passion aussi sincère, épouse Naïdinn, un rival indigne de lui, un rival auquel il n'aurait pas songé, et qui n'a d'autre séduction que les belles roupies[1] toutes neuves qu'il entasse dans son coffre de bois de camphre. Indigné d'une pareille ingratitude, Ali jure de se venger d'une manière sanglante; il fait amok, c'est-à-dire s'enivre d'opium, court chez sa maîtresse en brandissant son kriss, le terrible poignard malais en forme de flamme, et essaye de lui trancher la tête, mort à laquelle la malheureuse n'échappe qu'à cause de l'épaisse chevelure qui préserve son cou. Ali, tout à fait en démence, s'élance alors par les rues de Sourabaya et frappe plus ou moins grièvement plusieurs passants inoffensifs.

Arrêté par la garde urbaine, Ali fut mis en prison, puis jugé et condamné par un tribunal javanais, assisté, selon la coutume, d'un tribunal hollandais, chargé de commuer en peine de mort pure et simple les supplices atroces ordonnés par les premiers juges d'après les anciennes lois indigènes.

Quelques-unes des antiques croyances javanaises sont restées vivantes dans le peuple, malgré la rigueur des prêtres musulmans, et elles se manifestent aujourd'hui encore par des pratiques très étranges, entre autres les offrandes aux caïmans (crocodiles de l'Inde). Lorsqu'un indigène a été dévoré par les caïmans qui infestent la rivière, ce qui n'arrive que trop souvent, on voit, le soir, le fleuve se couvrir de petits radeaux de bambous de 30 centimètres carrés, chargés de fruits, de fleurs, d'aliments choisis, et ornés de bougies allumées. L'habitude de faire ce sacrifice est presque universellement répandue. Puis on voit aussi, aux environs de la ville, certains arbres couverts de cocardes faites en bambou et en papier de toutes couleurs, sortes d'*ex-voto*, grâce auxquels les Javanais superstitieux pensent s'attirer certaines faveurs : grande richesse, nombreuse lignée, etc. Rien n'est plus singulier que de voir les familles aller, en procession,

1. Monnaie anglo-indienne de la valeur de 2 fr., 50.

attacher ces offrandes aux arbres consacrés. Le plus petit des enfants ouvre la marche, portant entre ses mains l'ornement décrit plus haut; puis viennent les autres enfants, l'un derrière l'autre, par rang d'âge et de taille; puis la mère, et enfin le père qui les domine tous et qui ferme la marche en surveillant toute la colonne.

Après avoir passé quelques jours à Sourabaya, M. Wallace partit pour l'intérieur.

Il s'arrêta d'abord à Modjokerto, petite ville située à 60 kilomètres de Sourabaya, et se dirigea ensuite vers Wonosalem. La route conduisant à cette localité traverse une forêt magnifique dans les profondeurs de laquelle se trouve une belle ruine qui semble avoir été une tombe royale. Elle est tout en pierre et merveilleusement fouillée. Autour de la base court une rangée de blocs en saillie, sculptés en haut relief et reproduisant des scènes appartenant probablement à la vie du défunt. Tous les personnages de ces sujets, les animaux surtout, sont exécutés avec une fidélité scrupuleuse et une grande finesse. Ce monument a 6 mètres de hauteur sur 1 mètre 80 carrés de superficie. Il frappe subitement les yeux, placé comme il l'est auprès du sentier, sur un monticule ombragé d'arbres gigantesques, enlacé par des plantes grimpantes et adossé à la sombre forêt.

« En considérant cette superbe ruine, dit M. Wallace, le voyageur est amené à méditer sur cette étrange loi de progrès qui ici semble tout autre chose et qui, dans une partie du monde aussi éloignée, a exterminé ou chassé une race éminemment artistique, pour la remplacer par une race de beaucoup inférieure. »

Il faut dire que peu de pays sont plus que Java féconds en curiosités archéologiques. Dans l'intérieur, les ruines d'une multitude de temples attestent encore, par leur aspect imposant, la force et la grandeur de la religion qui en avait jadis inspiré l'architecture. Malheureusement ils sont, pour la plupart, presque tout à fait ensevelis sous la puissante végétation du pays, et quelques-uns ont été détruits, en tout ou en partie, par les tremblements de terre.

Wonosalem, située à environ 300 mètres au niveau de la mer, est malheureusement, pour un chasseur, trop éloignée de la forêt et entourée de plantations de café et de massifs de bambous. Cependant la localité était renommée pour ses

HABITATIONS MALAISES (ENVIRONS DE SOURABAYA).

paons et M. Wallace en eut bientôt tué plusieurs, plutôt pour sa table que pour sa collection. Le paon de Java constitue une espèce différente de celle de l'Inde, son cou étant couvert de plumes vertes squameuses et sa crête d'une couleur différente; mais sa queue est aussi grande et d'une aussi merveilleuse beauté. C'est un fait étrange, en répartition géographique, que le paon ne se rencontre ni à Sumatra ni à Bornéo, tandis

que le superbe argus de ces îles est totalement étranger
à Java. De même, à Ceylan et dans l'Inde méridionale, où
abonde le paon, on ne trouve ni le lophoppore ni les autres
splendides faisans qui habitent l'Inde septentrionale. Il semblerait que le paon ne consent à admettre dans ses domaines
aucun rival en beauté.

Pendant le séjour de M. Wallace à Wonosalem, un individu
fut tué et mangé par un tigre tandis qu'à la brume il revenait
au village avec une charrette attelée de deux bœufs. Aussitôt
que cet évènement fut connu, le chef du village réunit sept
cents hommes qui entourèrent une grande étendue de terrain
et se rabattirent jusqu'à ce que le tigre se trouvât au centre
d'un cercle d'ennemis. Se voyant ainsi enfermé, sans issue
pour fuir, l'animal fit un bond, fut reçu à la pointe d'une douzaine de lames et immédiatement mis à mort. La tête fut re-
mise à M. Wallace, sur sa demande ; mais les dents en avaient
été arrachées préalablement par les indigènes, qui les portent
au cou en guise de talismans.

Dans ce canton, la justice s'administre d'une façon toute
familière. Notre voyageur dépeint en ces termes une séance
du tribunal indigène :

« D'abord se présentèrent dans la salle d'audience cinq individus qui s'accroupirent sur une natte, vis-à-vis d'une seconde natte sur laquelle vinrent, peu après, s'installer le chef
du district et son commis. Il s'agissait d'un vol. Les premiers
venus étaient le plaignant avec ses deux témoins, le garde de
police et l'accusé ; celui-ci ne se distinguait des autres que
par une corde lâche enroulée autour de ses poignets. Chacun
parla tour à tour, sans être interrompu et sans quitter sa
position accroupie. Après avoir flegmatiquement écouté les
dépositions des témoins et les réponses de l'accusé, le juge
prononça la sentence, qui se bornait à une légère amende.
Après quoi, tout le monde se leva et se retira en compagnie,
en parfaite intelligence ; rien dans les allures des assistants

ne témoignait le moindre sentiment de mécontentement ou de rancune. C'est une excellente illustration du caractère typique du Malais. »

N'ayant obtenu, dans cette région, que peu d'échantillons d'histoire naturelle, M. Wallace se rendit à Buitenzorg, décidé à rayonner de ce point et à tenter la fortune dans les dis-

MULTIPLIANT DANS L'INTÉRIEUR D'UNE FORÊT DE JAVA.

tricts plus humides et plus luxuriants de l'extrémité méridionale de l'île.

Buitenzorg se trouve à 40 kilomètres de distance de Batavia. Son nom indien est Boghor; le nom hollandais, qui signifie *sans-souci*, lui a été donné en mémoire de la fameuse résidence du roi de Prusse Frédéric II.

Sauf le palais du gouverneur, un Versailles en petit, cette ville n'offre rien de remarquable; mais, par exemple, ce palais possède le plus beau jardin botanique du monde. On y voit, en particulier, d'admirables banians. Ces arbres, qu'on nomme justement multipliants, étalent au loin leurs branches énormes qui, s'inclinant vers le sol et y reprenant racine, soutiennent l'arbre géant de leurs puissants étais. Il s'y trouve une allée, taillée dans un seul de ses banians, dans laquelle peuvent passer six voitures de front, pendant six ou huit minutes et au trot des chevaux.

A partir de Buitenzorg, la route s'élève graduellement et s'enfonce dans une large vallée parsemée de villages indigènes nichés dans des bosquets d'arbres fruitiers, et de gracieuses villas habitées par des planteurs ou des employés hollandais en retraite. Les versants des collines enclosant la vallée et leurs embranchements sont partout découpés en terrasses jusqu'à une hauteur considérable, ce qui produit l'effet d'un magnifique amphithéâtre. Des centaines de kilomètres de pays sont ainsi aménagés, ce qui donne une idée frappante de l'esprit industrieux de la population, ainsi que de l'antiquité de la civilisation. Ce système de terrassement et d'irrigation a probablement été inauguré par les brahmanes indiens, car il est absolument inconnu dans les pays malais où il n'existe aucune trace d'occupation par un peuple civilisé.

A 32 kilomètres de Buitenzorg, la route passe par-dessus le mont Méga-Mendong, d'une altitude de 1468 mètres.

Non loin de là, à 300 mètres environ, se trouvent les barrières qui ferment le pays des Préhangans et qu'on ne peut franchir sans une indispensable permission, difficile d'ailleurs à obtenir. Les raisons de cette sévérité sont faciles à comprendre.

Le merveilleux pays des Préhangans produit par excellence le café, l'indigo, la cochenille, le thé, le girofle, le poivre, la cannelle et la moutarde, qui font la fortune de la Compagnie des Indes néerlandaises. Il est peuplé de 2 000 000 d'indigènes, qui travaillent uniquement à la culture de ces épices et les vendent, à des prix insignifiants, aux agents de la compagnie. Pour ne citer qu'un seul exemple, la revente du café procure à la compagnie un bénéfice de 6 à 800 pour cent.

Un tel état de choses ne peut durer que grâce à la profonde ignorance dans laquelle sont entretenus les indigènes relativement à la valeur de leur travail, une indiscrétion pouvant compromettre la richesse de la compagnie. De là découlent deux faits très graves : d'abord, le petit nombre d'employés européens et de soldats, chargés, les uns de la direction civile des affaires, les autres du maintien de l'ordre public; ensuite, l'implacable sévérité que l'on déploie à propos des moindres peccadilles des indigènes. Ainsi, on leur défend l'usage du café, et, dans le pays où cette boisson est aussi nécessaire que le vin à nos cultivateurs, la moindre contravention est punie de 10 à 25 coups de rotin, supplice atroce auquel un Malais seul peut résister.

En quittant le Méga-Mendong, M. Wallace s'enfonça dans une région montagneuse dont les hauteurs étaient couronnées de forêts vierges. Là il put constater combien les productions de l'ouest de Java diffèrent de celles de l'est; il y trouva les oiseaux et les insectes typiques de l'île.

L'incident le plus intéressant de son excursion fut l'ascension des monts Panguérango et Guédeh; le premier est un volcan conique éteint, d'environ 3000 mètres d'altitude; l'autre, un cratère actif situé sur une partie inférieure de la même chaîne. Il arriva heureusement au sommet; mais un brouillard épais et une pluie persistante l'empêchèrent de jouir du magnifique panorama qui se déployait à ses pieds. Comme botaniste, cette escalade lui fut profitable; c'était la première fois qu'il s'élevait assez haut sur une montagne voisine de l'équateur pour étudier les différences qui existent entre la flore tropicale et la flore tempérée.

M. Wallace fut moins heureux dans ses recherches ornithologiques et entomologiques, ce qui provenait peut-être de l'inclémence du temps et de la brièveté de sa halte sur la montagne. Toutefois, entre 2100 et 2400 mètres d'altitude, il obtint un très bel échantillon du petit pigeon à fruits (*ptilonopus roseicollis*), charmant oiseau dont la tête entière et le cou sont d'un ponceau rosé contrastant admirablement avec le vert du restant de son plumage ; et sur le faîte même, picorant parmi les fraisiers qui y avaient été plantés, une grive de couleur obscure ayant la forme et les mœurs de l'étourneau (*turdus fumidus*). Quant aux insectes, il ne put se procurer un seul papillon, fait qu'il attribue à l'extrême humidité de l'atmosphère ; il est certain, en effet, que pendant la saison sèche cette localité doit abonder en spécimens de toute espèce et appartenant à toutes les divisions de l'histoire naturelle.

En vain M. Wallace rayonna-t-il dans diverses directions ; ses recherches restèrent infructueuses. D'ailleurs, la saison humide était commencée et la pluie ne cessait de tomber. Il se décida donc à empaqueter et à expédier ses collections, et il s'embarqua pour se rendre au groupe de Timor.

Les îles de Java et de Sumatra sont si rapprochées l'une de l'autre, la chaîne de volcans qui les traverse leur donne une telle apparence d'unité, que l'idée de leur récente séparation frappe immédiatement l'esprit. Les Javanais eux-mêmes confirment cette hypothèse ; il existe chez eux une tradition relative à cette catastrophe et qui en fixe la date à dix siècles environ. Il est donc tout naturel que les deux îles possèdent une identité presque complète en hommes, en animaux et en végétaux.

Les indigènes, à Java comme à Sumatra, sont de race malaise ; quant aux animaux, sur 30 espèces, on en trouve 20 communes aux deux îles et 10 spéciales à l'une ou à l'autre. Parmi les espèces particulières à Java, il faut citer un rhinocéros, un singe (*semnopithèque nègre*), un écureuil volant, un mouton à oreilles pendantes, couvert de poils au lieu de laine, enfin un oiseau nommé dans le pays béo ou mutek, et remarquable par son étonnante puissance d'imitation vocale.

« Un explorateur hollandais, dit M. de Molins déjà cité, possédait un béo qui m'amusa beaucoup par son talent de ventriloque. Un peu plus gros que le merle d'Europe, noir comme lui et ayant aussi le bec et les pattes jaunes, le béo en diffère par la forme générale de son corps, l'aspect particulier de sa tête et surtout par les ouïes en peau jaune qui lui donnent une physionomie étrangère aux oiseaux des pays froids. Mais c'est par son talent d'imitation, de beaucoup supérieur à celui du perroquet, que le béo est intéressant. Celui de M. Ploem, dont la cage est située à peu de distance de l'écurie et de la basse-cour, s'est appliqué à rendre le gloussement des poules, le chant du coq, le roucoulement des tourterelles, et particulièrement le hennissement des chevaux ; il imite celui-ci avec une perfection si grande que j'eus beau l'examiner attentivement et suivre du regard les ondulations de son gosier, le hennissement me semblait toujours sortir de l'écurie et non du bec de l'oiseau mystificateur. »

Nous croyons devoir compléter la relation de M. Wallace en disant quelques mots de Batavia, qu'il ne fit que traverser pour se rendre à Buitenzorg.

Batavia, capitale de l'île de Java et de toutes les possessions de la Hollande comprises sous la dénomination d'Indes néerlandaises, est située sur la côte septentrionale de Java, à l'extrémité d'une large baie semée d'îles, qui est un des grands centres du commerce maritime de l'Orient.

Nous avons dit dans la note relative à Java que les Hollandais s'étaient établis dans l'île en 1596, après en avoir chassé les Portugais. Vingt ans après, ils jetaient les fondements de Batavia sur les ruines de Jacatra, ancienne ville javanaise située au bord de la mer et qui venait d'être incendiée. L'em-

BATAVIA (VILLE ANCIENNE).

placement était d'une insalubrité devenue proverbiale. Mais les dépôts apportés par les rivières qui débouchent dans la baie ont peu à peu fait reculer la ville ; elle se trouve maintenant à 5 kilomètres de la mer et l'on y accède par un canal contenu entre deux digues qui s'avancent à plus d'un kilomètre de la plage.

« Les fondateurs de Batavia, dit l'amiral Jurien de la Gravière dans la relation de son voyage aux mers de la Chine (1849), n'avaient songé qu'à élever une place forte. Ils donnèrent à cette ville la forme d'un rectangle entouré de murs et de bastions, dont la face extérieure était occupée par une vaste citadelle. Le Tji-Livong traversait Batavia dans toute sa longueur. Une infinité de canaux le sillonnaient dans tous les sens. Des quais plantés d'arbres, des rues spacieuses et se coupant à angle droit, des maisons à plusieurs étages, donnaient alors à la capitale des Indes un caractère de grandeur qui répondait à sa richesse et à son importance. Malheureusement l'air circulait à peine, à l'abri de ces hautes murailles et au milieu de ces maisons contiguës. Les canaux à demi comblés laissaient échapper des miasmes infects. Le climat faisait chaque année des milliers de victimes.

« Le général Daendels conçut, en 1808, un projet qu'il accomplit avec la rare énergie de son caractère. Décidé à couper le mal dans sa racine, il fit raser les murs et la citadelle ; il ne se contenta pas d'assainir ainsi l'ancienne ville, il voulut en fonder une nouvelle. A 5 ou 6 kilomètres du rivage, sur un terrain déjà élevé de 9 à 10 mètres au-dessus du niveau de la mer, il fit construire de vastes casernes, d'élégantes habitations pour les officiers, et un immense édifice destiné à devenir le palais du gouverneur général, mais dans lequel M. Van den Capellen, effrayé des proportions de ce monument disgracieux, établit, pendant son gouvernement, les bureaux de l'administration.

« Cette cité militaire reçut le nom de *Veltevreden* (la Paix

BATAVIA (VILLE NOUVELLE).

du monde). Dès l'année 1816, elle menaçait d'un entier abandon la vieille ville. Les employés avaient donné le signal de l'émigration, les négociants les suivirent. De charmantes villas se groupèrent de toutes parts autour du nouveau quartier fondé par le général Daendels, et la ville maritime ne fut plus visitée par les Européens que pendant les heures destinées aux affaires. Batavia a aujourd'hui entièrement disparu; un grand nombre de maisons tombaient en ruine et l'on s'est hâté de les démolir. On n'a respecté que les rues principales où de vastes hôtels, serrés l'un contre l'autre, élèvent encore dans l'air un double et triple étage. »

La ville neuve est une sorte de parc immense entrecoupé de mille bouquets d'arbres, de longues avenues remplies d'ombre, de prairies, de cours d'eau, de délicieux pavillons nichés dans la verdure. Les places sont de vastes pelouses où viennent paître les bœufs du Bengale. C'est, selon l'expression de M. Jurien de la Gravière, la plus ravissante création qu'ait enfantée la fantaisie humaine. Ce qui est préférable encore, c'est que nulle part, sous les tropiques, la mortalité n'est moins grande que dans cette ville où jadis la vie d'un Européen ne durait qu'une saison.

Batavia renferme une population de 308 000 habitants, dont 35 000 Européens, 35 000 Chinois et 240 000 Javanais.

GROUPE DE TIMOR

CHAPITRE V

Les îles de Bali et de Lombock, vers lesquelles notre voyageur se dirigea ensuite, sont situées à l'ouest de l'île de Java. Seules de tout l'archipel, elles ont conservé la religion hindoue et constituent les points extrêmes des deux grandes divisions géologiques de l'hémisphère oriental, car, quoique ressemblant aux autres îles par leur apparence extérieure et leurs traits physiques, elles en diffèrent complètement par leurs productions naturelles.

Embarqué à Singapour sur un schooner[1] appartenant à un négociant chinois, manœuvré par un équipage japonais et commandé par un capitaine anglais, M. Wallace mit vingt jours pour gagner Bilcling, sur la côte septentrionale de l'île de Bali.

A peine débarqué, il se rendit chez un Chinois, *baudar* ou négociant chef, où il rencontra une foule d'indigènes élégamment vêtus et armés du kriss, poignard malais à l'immense poignée d'ivoire ou d'or et de bois sculpté et verni. Quant aux Chinois, ils avaient abandonné leur robe nationale pour adopter le costume malais; par suite, il était difficile de les distinguer des indigènes, preuve de la grande affinité des races malaises et mongoles. A l'ombre épaisse de quelques mangeoires avoisinant la maison du négociant, quelques

1. Petit navire à deux mâts.

femmes vendaient des cotonnades. Ici, en effet, les femmes commercent et travaillent au bénéfice de leurs maris, coutume que n'adoptent jamais les Malais mahométans.

Dans ses excursions de naturaliste, notre voyageur parcourut les environs de la ville, et jamais, affirme-t-il, il n'avait encore vu hors de l'Europe une région aussi bien cultivée.

De la côte part une plaine légèrement ondulée s'étendant sur une longueur de 16 à 19 kilomètres, jusqu'à une magnifique chaîne de collines boisées et cultivées. Cette plaine est constellée de maisons et de villages enfouis sous des bosquets de cocotiers, de tamarins et d'autres arbres fruitiers, et séparés les uns des autres par de luxuriants champs de riz, arrosés par un système raisonné d'irrigation qui ferait l'orgueil des contrées les plus agricoles de l'Europe.

Toute la surface du pays est partagée en parcelles irrégulières, suivant les ondulations du sol, et d'une étendue variable; toutes ces parcelles sont parfaitement planes, mais situées au-dessus ou au-dessous les unes des autres. On arrose ou on draine à volonté chacune d'elles, au moyen d'un système de fossés et de petits canaux dans lesquels est détournée la totalité des eaux qui descendent des montagnes.

Dans un pays aussi ingénieusement et aussi largement cultivé, M. Wallace ne pouvait espérer d'augmenter ses collections. Aussi n'y resta-t-il que quelques jours, et une traversée de quarante-huit heures le conduisit à Ampanam, dans l'île de Lombock. Pendant ce temps il eut l'occasion d'admirer les deux volcans jumeaux de Bali et de Lombock, chacun d'une altitude de 2400 mètres, qui, au lever et au coucher du soleil, forment de merveilleux points de vue.

La baie d'Ampanam est large et, à cette époque de l'année, aussi unie et tranquille qu'un lac. La côte est cependant défendue par des bancs de sable volcanique de couleur noire, et par un ressac si violent, qu'il fait dire aux indigènes que

« leur mer est sans cesse affamée et dévore tout ce qu'elle
peut saisir. »

Notre voyageur éprouva donc une certaine satisfaction
lorsqu'il se vit débarqué sain et sauf, lui et ses caisses. Il fut
gracieusement accueilli par des compatriotes exerçant le
commerce dans ces pays lointains.

Aux abords de la ville, il remarqua, comme à Bali, des
champs bien cultivés et arrosés par le même procédé. Les
excursions qu'il fit dans les environs lui ayant démontré que
les oiseaux étaient rares, il partit pour l'extrémité de la baie,
avec Ali, son domestique malais, et Manuel, un Portugais de
Malacca, habitué à dépouiller les oiseaux. Il avait une lettre
d'introduction pour un Malais d'Amboine, nommé « Inchi
Daud » (M. David), qui partagea avec lui sa demeure.

Les environs abondaient en oiseaux, et pour la première
fois le naturaliste y rencontra des espèces australiennes qui
font absolument défaut dans les îles à l'ouest de Lombock,
en particulier le cacatois blanc à huppe jaune et l'étrange con-
structeur de buttes, le *mégapode gouldii*, lequel mérite une
description spéciale.

Les mégapodes constituent une famille d'oiseaux qui habite
l'Australie et les îles voisines, mais que l'on rencontre aussi
loin que les Philippines et le nord-ouest de Bornéo. Ces oiseaux appartiennent aux gallinacés, mais diffèrent de cet
ordre, ainsi que de tous les autres, en ce qu'ils ne couvent pas
leurs œufs, qu'ils enterrent dans le sable, la terre ou des dé-
tritus, et dont ils abandonnent l'incubation à la chaleur du
soleil ou à la fermentation. Ils sont caractérisés par de très
grands pieds et de longs ongles recourbés. Dans la plupart
des espèces, les oiseaux ramassent toutes sortes de résidus,
feuilles mortes, baguettes, cailloux, mottes de terre, bois
pourri, etc., et les accumulent de façon à former un monticule
d'environ 1^m,80 de hauteur sur 3^m,60 de largeur, au milieu
duquel ils enterrent leurs œufs. D'après l'aspect du

monticule, les indigènes reconnaissent s'il renferme ou non des œufs, et ils les dénichent partout où ils en trouvent, l'œuf de l'espèce à tête rouge étant aussi gros que celui du cygne et passant pour aussi délicat. Le mégapode de l'île de Lombock est de la taille d'une poule et de couleur olive teintée de brun.

Les travaux de collectionneur de M. Wallace ne s'accomplissaient à Lombock qu'avec difficulté. Il n'avait qu'une seule chambre pour manger, dormir, travailler, et afin d'éviter les attaques de la vermine, il obligeait Manuel à dépouiller ses oiseaux au dehors.

Pendant l'exercice de ses fonctions, Manuel était généralement entouré de Malais et de Sassaks (nom des indigènes de Lombock), auxquels il s'adressait souvent avec l'air d'importance d'un professeur, et qui lui prêtaient la plus profonde attention. Il aimait surtout discourir sur les « grâces providentielles spéciales » dont il croyait fermement que nous étions journellement l'objet.

« Allah nous a été propice aujourd'hui, » disait-il — car, quoique chrétien, il avait adopté la forme de langage mahométane — « et il nous a donné quelques très beaux oiseaux; nous ne pouvons rien faire sans lui. »

Alors quelque Malais répliquait : « Certainement, les oiseaux sont comme les hommes; le jour de leur mort est désigné; quand ce moment arrive, rien ne peut les sauver, et s'il n'est pas venu, on ne peut les tuer. »

Ces paroles étaient suivies d'un murmure d'assentiment et des cris de « Boutoul! boutoul! » (c'est vrai! c'est vrai!).

Alors Manuel racontait longuement l'histoire d'une de ses chasses malheureuses; — comment il avait aperçu quelque bel oiseau, l'avait poursuivi, pendant longtemps, l'avait perdu, puis retrouvé et l'avait tiré deux ou trois fois sans jamais le toucher.

« Ah! disait un vieux Malais, son heure n'était pas sonnée et il vous était impossible de le tuer. »

Cette maxime, très consolante pour un tireur maladroit, rend parfaitement compte des faits, mais ne satisfait que tout juste la raison.

On croit universellement à Lombock que quelques individus ont la faculté de se changer en crocodile, ce qu'ils font dans le but de dévorer leurs ennemis. On raconte à ce sujet une foule d'histoires étranges, mais qui sont articles de foi pour la population.

De Lombock, M. Wallace se rendit à Timor[1] et débarqua à Coupang, chef-lieu des populations hollandaises, au sud-ouest de l'île. Entre la mer et la ville s'élève un mur vertical de rocher de corail qui paraît prouver que le sol sur lequel reposent Coupang et ses environs ne s'est pas soulevé depuis fort longtemps du sein de l'Océan. Les maisons blanches à toits rouges de la ville ressemblent à toutes les stations hollandaises de l'extrême Orient.

La population de Coupang se compose de Malais, de Chinois, de Hollandais et de croisements de ces diverses races. La race timorienne y compte naturellement plus de représentants, qui appartiennent presque tous au même type que les vrais Papous des îles Arou et de la Nouvelle-Guinée. Ils ont le teint brun-noirâtre, la taille haute, de grands nez légèrement aquilins et les cheveux frisés.

Ne trouvant dans les environs de Coupang que fort peu d'objets d'histoire naturelle, notre voyageur alla passer quelques jours dans l'île Sémao. Il s'établit dans le village d'Oëssa, remarquable par ses sources alcalines, dont l'une, au milieu même du village, jaillit en bouillonnant d'un petit cône de

1. L'île de Timor, située entre 8° 30' — 10° 30' de latitude sud et 120° — 125° de longitude est, a une longueur de 450 kilomètres sur une largeur de 120 et une population d'environ 2 000 000 d'habitants, Malais, Papous, Chinois, Hollandais et Portugais. Elle fut d'abord occupée par les Portugais. Vers le milieu du XVI° siècle, les Hollandais y pénétrèrent de force. Cependant, les chefs les plus influents s'étant convertis au catholicisme, depuis 1630, les Portugais maintinrent leur domination sur la majeure partie de l'île.

boue, semblable à un volcan en miniature. Les émanations de ces sources détruisent, aux alentours, toute la végétation.

Les maisons du village diffèrent complètement de celles des indigènes des autres îles. Ce sont des enceintes ovales formées par des palissades serrées, de 1 mètre 20 centimètres de hauteur, et surmontées d'un toit de chaume conique se terminant en pointe. La seule ouverture est une porte de 1 mètre de haut.

Les indigènes de Sémao ont, comme les Timoriens, la peau couleur de cuivre bruni et les cheveux frisés ; mais les « bonnes familles » du lieu paraissent mélangées avec quelque race supérieure, croisement qui a fort amélioré les traits. M. Wallace a vu des chefs ayant le galbe pur, le nez mince et droit, le teint brun clair des Hindous. La religion des brahmes a jadis régné à Java et existe encore à Bali et à Lombock. On peut donc supposer que des Hindous auront émigré dans ces parages, pour échapper aux persécutions dont leur religion était l'objet.

Après avoir passé quatre jours à Oëssa, notre voyageur reprit le chemin de Coupang pour y attendre le bateau à vapeur qui devait le conduire aux possessions portugaises.

« Mais notre traversée, dit M. Wallace, ne fut pas sans émotions. Les plats-bords de notre embarcation (dont la forme faisait songer à un cercueil) étaient presque à fleur d'eau, tant on l'avait chargée, en outre de mes malles et de nos personnes, de noix de cocos et autres fruits destinés au marché de Coupang.

« A peine avions-nous fait quelques centaines de mètres dans une mer passablement houleuse, que nous nous apercevions que notre pirogue s'emplissait peu à peu. Nous la sentions enfoncer ; de plus, nous embarquions à chaque vague, et les rameurs, qui riaient d'abord de mes craintes, s'empressèrent de virer de bord pour retourner au rivage, qui, par bonheur, n'était pas encore loin ; en poussant de

VILLAGE D'OËSSA (ILE DE SÉNAO).

côté une partie du chargement, nous vidions à qui mieux mieux, mais la mer allait aussi vite que nous; la côte est une falaise contre laquelle l'Océan brisait avec furie.

« Nous y trouvâmes une petite coupure, une anse où nous pûmes enfin aborder; on tira la pirogue sur le sable; il y avait au fond un large trou, heureusement bouché en grande partie par une écaille de noix de coco. Quelques minutes de plus en pleine mer, et nous eussions dû, sinon sombrer nous-mêmes, du moins jeter la cargaison par-dessus bord. Après avoir aveuglé la voie d'eau, nous repartîmes pour Timor; mais, vers le milieu du détroit, le courant était si fort et la mer si dure, que je me promis bien de ne plus me hasarder dans ces méchantes coques de noix. »

Au bout d'une semaine employée par M. Wallace à augmenter sa collection ornithologique, le paquebot arriva et conduisit notre voyageur à Delli, dans le nord-est de Timor.

Quoique capitale des possessions portugaises de l'île, cette ville est un misérable taudis en comparaison de la plus misérable des villes hollandaises. Elle se compose de cases de boue et de chaume, d'un fort, simple enclos en terre durcie, d'une église et d'une douane de même architecture primitive : le tout maintenu dans un état de malpropreté révoltant.

« Mais, dit M. Wallace, comment douter que Delli ne soit une terre civilisée, à la vue des employés, vêtus de blanc et de noir, et des officiers aux uniformes resplendissants, qui passent et repassent en nombre tout à fait disproportionné avec l'aspect misérable de cette petite ville! »

Une seule nuit de séjour dans ce lieu, entouré de marécages et de plaines fangeuses, suffit pour donner au nouveau venu des fièvres paludéennes qui souvent se terminent par la mort. Pour éviter cette épidémie, M. Wallace alla s'installer sur une petite colline située à 3 kilomètres de la ville.

Les environs étaient couverts d'acacias et d'arbustes épineux, excepté dans une petite vallée ombreuse arrosée par un ruisseau venant de la montagne. Les oiseaux sont, dans cette région, de familles assez variées; mais, chose surprenante! à une ou deux exceptions près, les espèces européennes ont des couleurs beaucoup plus éclatantes que leurs congénères de cette île tropicale. Les coléoptères sont rares; les seuls insectes qui méritent l'attention sont les papillons. Les berges du ruisseau étaient le principal champ de découvertes du collectionneur; chaque jour il longeait, d'aval en amont, son lit ombragé, qui plus haut devient rocheux et escarpé. C'est là qu'il trouva de beaux et rares papillons à ailes fourchues.

Quelque temps après, M. Wallace alla passer une semaine à Baliba, dans la montagne, à une hauteur de 6 à 700 mètres. Pour s'y rendre, il lui fallut suivre des sentiers qui ne sont que des pistes escaladant des roches escarpées ou enfilant d'étroites et profondes passes creusées par le pied des bêtes de somme.

Le village de Baliba se compose simplement de trois cases à murailles basses, construites sur des poutres, aux faîtes très élevés, formés d'herbes entrelacées, et descendant à moins de 1 mètre du sol. L'installation de notre voyageur ne fut pas des plus confortables; en revanche, il avait une vue splendide sur Delli et sur la mer immense.

Le pays est montueux et peu boisé, si ce n'est dans les bas-fonds occupés par quelques hauts taillis. L'espoir qu'avait le collectionneur d'y rencontrer des insectes fut complètement déçu, sans doute à cause de l'humidité du climat; les brumes ne disparaissent que tard dans la matinée; vers midi, elles s'amoncellent encore; à peine le soleil brille une heure ou deux par jour. Il fit maintes courses à la recherche du gibier à poil et à plume; le coq des Indes lui fournit quelques bons repas, mais il ne vit pas de cerfs.

« Les Portugais habitent Delli depuis trois siècles au moins, dit M. Wallace, et quoique la moitié des résidents européens y soit, de fondation, malade des fièvres paludéennes, personne n'a eu l'idée de bâtir une maison sur ces charmantes collines qu'une belle route mettrait à une heure de cheval du port; on trouverait même des stations aussi salubres sur les plateaux inférieurs plus rapprochés de la ville.

« Le blé vient admirablement sur une zone de 1000 à 1200 mètres au-dessus du niveau de la mer; le café prospérerait de 3 à 600 mètres; on compte par centaines de kilomètres carrés les terrains d'altitude intermédiaire, où croîtraient à merveille les divers produits qui demandent des conditions atmosphériques semblables à celles exigées par les deux plantes susnommées; — et les Portugais n'ont pas fait encore 1 kilomètre de route ni établi une seule plantation !

« Il faut que le climat de Timor ait quelque chose de particulier pour que, sous les tropiques, le blé puisse être cultivé dans des régions si peu élevées. Le grain est d'excellente qualité; je n'ai mangé nulle part de meilleur pain : il est aussi bon que celui que l'on peut faire avec la plus belle fleur de farine européenne. Si les indigènes se sont d'eux-mêmes adonnés à la culture de plantes étrangères — pommes de terre et froment, qu'ils portent à la ville à dos de cheval par les plus affreux casse-cou possibles et vendent à très bas prix, — que serait-ce donc si la métropole prenait la peine de percer des routes, d'instruire, d'encourager et de protéger les naturels? Cette île, aride en apparence et au premier abord si pauvre en comparaison de ses sœurs des tropiques, deviendrait un vaste champ de production pour nombre de denrées indispensables aux Européens et qu'ils sont obligés de faire apporter de l'autre côté du globe. »

Les montagnards de Timor appartiennent au type papou; ils ont des membres assez grêles, la chevelure frisée et en buisson, la peau brun-noirâtre, et le long nez à bout tombant si caractéristique des Papous et qu'on ne voit jamais sur les

INDIGÈNE DE TIMOR

autres visages malais. La population des côtes est d'un sang
fort mêlé et tire son origine des diverses races de l'archipel,
des Portugais, et sans doute un peu des Hindous. La taille
moyenne est moins élevée, les cheveux sont ondés plutôt que
frisés, les traits moins proéminents. Les maisons posent sur
le sol, tandis que les montagnards construisent les leurs sur
des pilotis de 90 centimètres à 1 mètre 20 de hauteur.

Ils ont pour principal vêtement une pièce d'étoffe enroulée
autour de la ceinture et pendant sur les genoux. La gravure
ci-jointe, reproduite d'après une photographie, représente un
Timorien avec le parapluie national, qui est une feuille entière de palmier éventail cousue avec soin au pli de chaque
foliole, afin de l'empêcher de se fendre. Pendant les averses,
on le tient suspendu sur l'épaule. On se sert aussi, comme
vases à eau, des feuilles non encore développées du même
palmier, et c'est dans de grandes hottes de bambou que l'on
enferme le miel destiné au marché.

En général, les Timoriens ont tous une besace faite d'un
carré de toile d'un tissu très serré, dont les quatre coins sont
attachés par des cordelettes et souvent ornés de verroteries.
Les entre-nœuds du bambou sont les cruches du pays.

Ce que l'on nomme à Timor le « pomali » répond absolument au tabou[1] des Polynésiens et inspire une terreur non
moins grande. On l'applique aux plus vulgaires occasions, et
quelques feuilles de palme fichées sur la palissade d'un jardin
en signe de « pomali » le préservent des voleurs encore mieux
que chez nous les écriteaux menaçant les personnes trop curieuses de pièges à loup, de chiens féroces, de fusils à res-
sort.

Les morts, placés sur un échafaud élevé de six ou huit
pieds au-dessus du sol et parfois couvert d'un toit, attendent

---

1. Le *tabou* est une sorte de cérémonie religieuse qui consiste à consacrer un
objet quelconque, inanimé ou animé, et par suite à le rendre inviolable.

leur enterrement jusqu'à ce que la famille puisse donner un grand repas.

Les Timoriens, voleurs fieffés et toujours en guerre entre

SCÈNE ET PAYSAGE A TIMOR

eux, saisissent toutes les occasions possibles de s'emparer traîtreusement des gens des autres tribus pour en faire des esclaves; mais ils ne sont pas sanguinaires, et les Européens peuvent aller et venir dans le pays en toute sûreté. A l'exception de quelques métis habitant les villes, il n'y a pas d'indigènes chrétiens dans l'île de Timor. Presque partout les naturel gardent leur indépendance et méprisent leurs soi-disant maîtres.

La moralité est à Delli à un niveau aussi bas que dans les terres les plus reculées du Brésil, et on y regarde sans mot dire des crimes qui en Europe attireraient sur le coupable des poursuites judiciaires.

La végétation spontanée de Timor est pauvre et monotone. Les chaînes de collines sont partout couvertes d'eucalyptus rabougris, qui seulement de temps à autre s'élancent en arbres magnifiques; çà et là, clairsemés dans leurs groupes, on trouve l'acacia et le sandal odoriférant, pendant que les montagnes plus hautes, qui s'élèvent à 2000 mètres et plus, sont tout à fait stériles ou revêtues de gazon grossier. Des touffes d'herbages parsèment les terres basses et les plaines nues se tapissent d'une menthe sauvage semblable à l'ortie. C'est à Timor qu'on trouve le splendide lis couronné (*Gloriosa superba*), serpentant parmi les buissons, qu'il étoile de ses fleurs éblouissantes, et une espèce de vigne portant des grappes irrégulières de raisins hérissés de poils, à saveur grossière, mais très sucrée. La végétation est plus riche dans quelques vallées où les arbustes épineux et les plantes grimpantes forment des halliers presque inextricables.

Quant aux mammifères, ils sont fort peu nombreux à Timor, à l'exception des chauves-souris. On n'y rencontre que les espèces suivantes :

Le singe commun, le macaque à museau de chien (*Macacus cynomolgas*), qui se trouve dans toutes les îles indo-malaises et qui fréquente le bord des rivières;

Une génette (*Paradosaurus fasciatus*), vulgaire dans la majeure partie de l'archipel;

Un chat-tigre très rare (*Felis megalotis*), qu'on dit être

PHALANGER ORIENTAL.

particulier à Timor, où il n'existe que dans l'intérieur;

Un cerf (*Cervus timoriensis*) peu ou point différent de ceux de Java et des Moluques;

Un cochon sauvage (*Sus timoriensis*); une musaraigne (*Sorex tenuis*), sans doute appartenant en propre à l'île;

Enfin, un phalanger ou opossum d'Orient (*Cuscus orientalis*[1]).

Pas une de ces espèces n'est australienne ou seulement proche parente de celles de la grande terre.

1. Le phalanger ou couscous appartient à l'ordre des marsupiaux ou didelphes, c'est-à-dire aux animaux dont la femelle est pourvue d'une bourse abdominale destinée à recevoir ses petits. Il a la queue velue à sa base seulement, écailleuse et prenante dans la plus grande partie de son étendue, les oreilles courtes et plus ou moins cachées dans les poils. Il vit dans les forêts boisées et se nourrit des fruits et quelquefois d'insectes. G. Cuvier dit que, « quand il voit un homme, le phalanger se suspend par la queue et que l'on parvient, en le fixant, à le faire tomber de lassitude ». L'animal représenté par notre dessin est le phalanger oriental, nommé par Temminck *Phalangista cavifrons*; il mesure à peu près 50 centimètres de longueur et sa queue a 22 centimètres; il est blanc ou blanc-jaunâtre, varié de brun en dessus. Quoique cet animal dégage une odeur désagréable, les indigènes le recherchent comme aliment. Ils le font rôtir sur du charbon avec ses poils et ne rejettent que les intestins.

GROUPE DE CÉLÈBES

CHAPITRE VI

Célèbes. — Maros. — Ménado. — Tondano.

« Ce fut avec la plus grande satisfaction, dit M. Wallace, que je quittai Timor et que je mis le pied sur le rivage de Célèbes[1], dans la résidence de Macassar. »

Dans cette partie de l'île, la côte, plate et basse, est bordée d'arbres et de villages qui empêchent de voir l'intérieur, sinon, de loin en loin, par des échappées qui montrent une immense étendue de rivières nues et marécageuses. A l'arrière-plan on aperçoit des collines peu élevées, et à l'horizon, la haute chaîne centrale de la péninsule, terminée au sud par le célèbre pic de Boutyne.

La ville de Macassar est propre et jolie. Le gouverneur colonial a dicté d'excellents règlements municipaux : toutes les maisons européennes sont fréquemment blanchies à la

---

1. Ile de 840 kilomètres de long sur 240 de large, située par 117° et 123° de longitude est, 1° 30′ de latitude nord et 5° 40′ de latitude sud. Elle est découpée par de fortes échancrures qui la divisent en quatre péninsules. Les habitants, au nombre de 3 000 000, supposés d'origine malaise, ont embrassé le mahométisme depuis le XVI° siècle. Les Portugais la découvrirent en 1512 et l'occupèrent partiellement; ils en furent chassés, de 1660 à 1667, par les Hollandais, qui la possèdent encore. Elle se divise en *possessions immédiates*, contenant les résidences de Macassar, Bouttain, Maros et Ménado, et en *possessions médiates*, la plus grande partie de l'île comprenant une foule de petits États protégés ou vassaux.

Célèbes a donné son nom à un groupe d'îles dont les principales, après Célèbes, sont Sangis, Banca, Bouton, Xoulla et Salayer.

chaux; à quatre heures de l'après-midi, chaque propriétaire doit arroser sa portion de chemin; les rues sont entretenues avec soin, les eaux ménagères et les immondices se rendent,

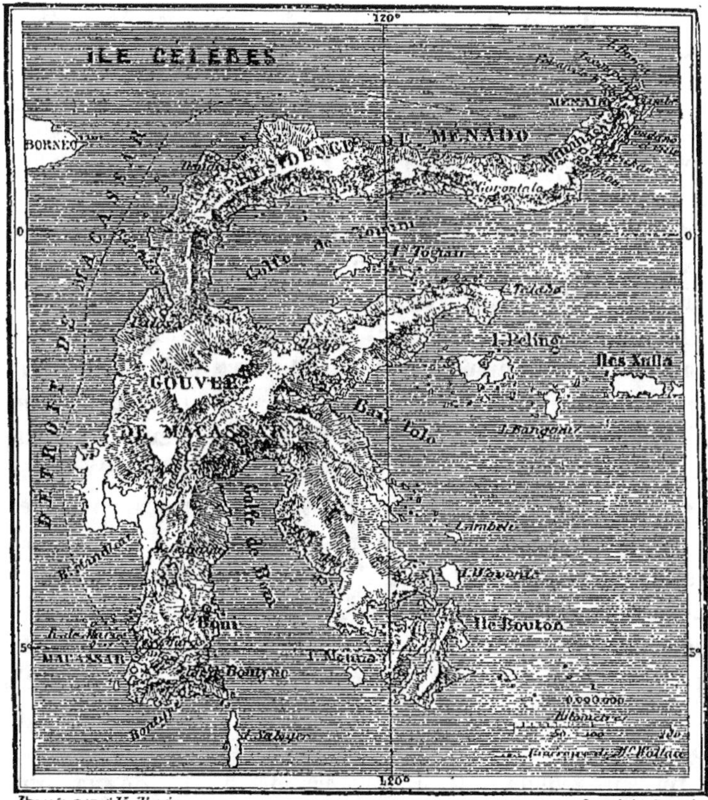

par des tuyaux, dans de larges égouts à ciel ouvert où on fait entrer la haute marée, qu'on laisse s'écouler après le flot, de manière à les nettoyer parfaitement.

Une très longue rue parallèle à la berge est consacrée aux

affaires et surtout occupée par les bureaux et les magasins
des marchands hollandais ou chinois et les boutiques ou
bazars des naturels. Elle s'étend vers le nord, pendant près
de deux kilomètres, et peu à peu n'est plus formée que de
cases indigènes, souvent pauvres et misérables, mais construites à l'alignement et presque toujours accompagnées
d'arbres fruitiers. Une foule de Bougis et de natifs de Macassar la parcourent du matin au soir, vêtus d'un caleçon de
coton descendant à mi-cuisse et de l'universel sarong malais,
aux vives couleurs en damier, que l'on porte serré autour de
la taille ou drapé sur les épaules.

Deux courtes rues, parallèles à la grande et fermées par
deux portes, constituent l'ancienne ville hollandaise. Au sud
se trouvent le fort, l'église et une route tombant à angle droit
sur la plage et qui passe devant l'hôtel du gouverneur et des
principaux fonctionnaires. Au delà du fort, près de la mer,
une autre longue rue se compose de cases indigènes et de
maisons de campagne appartenant aux négociants. Tout autour s'étendent, à perte de vue, des rizières, naguère un tapis
de verdure, maintenant sèches, nues, repoussantes, couvertes
de chaumes poussiéreux et de mauvaises herbes. Leur aspect
désolé, même dans la bonne saison, forme un contraste
frappant avec les magnifiques récoltes que savent obtenir,
tout le long de l'année, les naturels de Bali et de Lombock. Le
climat est semblable, les terres sont de même qualité; mais
l'admirable système d'irrigation pratiqué dans ces dernières
îles produit les effets d'un printemps éternel.

Après une visite faite au gouverneur qui lui donna toute
facilité pour parcourir la contrée, M. Wallace s'occupa de ses
recherches d'histoire naturelle.

« Le séjour à la ville, dit-il, m'étant à la fois incommode et
dispendieux, je déménageai, à la fin de la semaine, pour
m'établir dans une petite case de bambou que me prêtait
M. Mesman, et qu'on nomme Mamajan. Située à quelques

kilomètres de là, sur une petite plantation de café, et à un quart de lieue plus loin que la maison de campagne de mon hôte, ma demeure se composait de deux chambres élevées de 2ᵐ,10 environ au-dessus du sol; la « cave », ouverte d'un côté, me servait de salle de dissection et renfermait, en outre, un petit grenier à riz : un hangar tenait lieu de cuisine; plusieurs cases environnantes étaient occupées par des indigènes au service de M. Mesman.

« Quelques jours passés dans ma nouvelle habitation me donnèrent la certitude que je ne pourrais beaucoup y augmenter mes richesses. Les chaumes de riz me rappelaient nos champs en automne, après la moisson, et sont tout aussi dépourvus d'oiseaux et d'insectes. Les villages parsemés dans la plaine, nichés dans leurs arbres fruitiers de manière à ressembler à des parcelles de forêt, étaient mon seul champ d'activité, et j'eus bientôt épuisé le nombre d'espèces qu'ils pouvaient m'offrir.

« Mais il m'était impossible de parcourir l'intérieur du pays sans la permission du rajah de Goa, dont les territoires s'étendent jusqu'à une lieue de Macassar. Je me présentai donc aux bureaux du gouverneur et demandai une lettre de recommandation, qui me fut immédiatement accordée; on me fit même escorter par un messager spécial chargé de remettre la messive.

« Mon ami M. Mesman me prêta un cheval et voulut bien m'accompagner aussi chez Sa Majesté, qu'il connaissait beaucoup. Le rajah était assis devant sa porte, surveillant la construction d'une case; nu jusqu'à la ceinture, il ne portait que le sarong et le caleçon national. On nous donna deux chaises; les chefs et les autres indigènes s'assirent par terre. Le messager, s'accroupissant aux pieds du prince, présenta la lettre, cousue dans un morceau de soie jaune. On la fit passer à un des principaux officiers, qui déchira l'enveloppe et remit le papier au rajah; celui-ci en prit connaissance et

BANLIEUE DE MACASSAR.

le montra à M. Mesman, qui lit et parle couramment le dialecte du pays; mon ami expliqua tout au long mes désirs.

« Sa Majesté me donna immédiatement la permission d'aller et de venir sur ses terres comme je l'entendrais, mais m'engagea à l'avertir lorsque je voudrais m'arrêter longtemps quelque part, afin qu'elle envoyât ses ordres pour que personne ne me fît tort. On nous porta du vin, puis de mauvaises confitures et du café détestable; je n'en ai nulle part bu de plus mauvais que dans les endroits où on le cultive. »

Libre, dès lors, de ses allures, M. Wallace fit plusieurs courses dans le pays à la recherche d'une bonne station de chasse.

A quelques kilomètres dans l'intérieur, les villages sont éparpillés sur des terrains boisés, restes d'une ancienne forêt vierge convertie en verger. On y a planté des arbres à fruits, et surtout des massifs de bambous et du grand palmier nommé *Arenga saccharina*, qui fournit du vin, du sucre et de grossières fibres noires avec lesquelles on fait des câbles.

Dans les lieux les plus ombrageux, où les lépidoptères sont assez nombreux, le collectionneur trouva deux espèces inconnues aux naturalistes d'Europe et qui furent désignées sous les noms d'*Eronia tritxa* et de *Tachyris ithome :* l'un, admirable papillon bleu pâle et noir, rase le sol parmi les fourrés et se pose de temps à autre sur les fleurs; l'autre, à peine moins remarquable, a une bande orangée sur fond noirâtre.

Quelque temps après, M. Wallace alla, accompagné de son ami M. Mesman, rendre une seconde visite au rajah. Le prince assistait à un combat de coqs sous un hangar voisin; il quitta immédiatement ce spectacle pour recevoir ses visiteurs, qui montèrent avec lui le plan incliné servant d'escalier au palais. C'est une grande et belle case au parquet de bambou, aux fenêtres vitrées, presque tout occupée par une vaste salle garnie de piliers qui traversent le toit.

Près d'une croisée, la reine, accroupie sur un grossier fauteuil de bois, mâchait du bétel; à son côté se trouvait le crachoir de laiton. Le rajah s'assit vis-à-vis d'elle sur un fauteuil semblable, tandis que les deux étrangers se contentèrent des chaises qu'on leur offrit. Les filles du rajah et quelques jeunes femmes esclaves se tenaient debout dans la salle; trois d'entre elles travaillaient à tisser des étoffes de coton sur un métier.

« Ici, dit M. Wallace, je devrais, à l'exemple de tant d'autres voyageurs, me lancer dans une brillante description des charmes de ces belles dames, des élégants costumes qu'elles portaient et de leurs parures d'or ou de perles. Le corsage de gaze violet ferait bien, « voilant sans les cacher des tailles de roseau »; on pourrait y mêler « les yeux étincelants, les tresses de jais, les pieds d'Andalouses ».

« Hélas! mon respect pour la vérité me contraint à donner seulement la description exacte des personnes et des choses que j'ai vues! Les princesses, il est vrai, étaient suffisamment jolies, mais ni leurs vêtements ni leur visage n'avaient cet air de fraîcheur et de propreté sans lequel les autres charmes ne sont rien. Tout était sale, fané et fort peu royal pour des yeux européens.

« Seul le rajah tranchait sur la vulgarité de son entourage par ses manières dignes et calmes et le grand respect qu'on lui témoignait. Personne ne doit se tenir debout en sa présence, et quand il s'assied sur une chaise, toute l'assistance (les Européens exceptés, bien entendu) s'accroupit immédiatement sur le sol. « Un siège élevé » est ici plus qu'une métaphore. Et cette règle ne souffre aucune exception. Lorsque le rajah de Lombock fit venir une berline d'Angleterre, il ne voulut pas s'en servir dès qu'il eût vu le siège du cocher : il fallut reléguer le carrosse dans les écuries, où on le montre au peuple comme un objet de curiosité. »

Décidé à visiter le district de Maros, situé à 80 kilomètres au nord de Macassar, où résidait le frère de son ami Mesman, M. Wallace partit un soir sur un bateau loué. Après avoir côtoyé l'île pendant la nuit, il entra dans la rivière de Maros et débarqua à trois heures de l'après-midi. Après avoir obtenu du vice-président un cheval pour lui et des coulies pour ses bagages, il se mit en route pour la propriété de M. Jacob Mesman.

Le pays n'était d'abord qu'une plaine uniforme de chaumes brûlés par le soleil ; mais, au bout de quelques kilomètres, apparurent des coteaux escarpés, premiers contreforts de la majestueuse chaîne centrale de la péninsule. A 4 kilomètres plus loin, ils avançaient à droite et à gauche ; çà et là, des blocs gigantesques et des aiguilles de roches calcaires perçaient le sol, tandis que des collines coniques et des mornes aux vives arêtes se dressaient isolés au milieu de la plaine.

L'habitation de M. Mesman se trouvait au centre d'une charmante petite vallée, formée par un cercle de montagnes s'élevant en falaises abruptes et formant un assemblage de pointes, de pics et de dômes aux contours les plus variés et les plus fantastiques.

M. Wallace fit élection de domicile dans un endroit éloigné d'environ 2 kilomètres de l'élégante maison de bambou de son hôte, au pied d'une colline boisée. En quelques jours M. Mesman lui eût fait élever une petite case très commode, située sur la lisière d'une forêt dégarnie de sous-bois et pleine de beaux arbres.

Jamais, assure M. Wallace, il ne se sentit si dispos que pendant sa résidence dans ce pays. A six heures du matin, tandis qu'il prenait son café, ses yeux s'arrêtaient sur quelque oiseau rare posé sur un arbre voisin. Il s'élançait en pantoufles et réussissait quelquefois à s'emparer d'une proie depuis longtemps convoitée. Le grand calao de Célèbes volait à grand bruit d'ailes au-dessus de sa tête ; des singes, assez semblables aux babouins, le regardaient, surpris de son in-

trusion dans leurs domaines; pendant la nuit, des bandes de
porcs sauvages erraient autour de la case, dévorant les débris du ménage. A l'aube et au crépuscule, quelques minutes
de recherches, sur les troncs abattus autour de sa maison,
lui donnaient souvent plus de coléoptères qu'autrefois des
chasses de toute une journée. Le long des torrents desséchés,
ombragés d'une végétation magnifique, dans les trous d'eau,
les roches, les arbres morts qui parsemaient leur lit, il trouvait une foule de papillons aux plus éclatantes couleurs.

Vers la fin de septembre, il alla visiter les célèbres chutes
de la rivière Maros. Monté sur un cheval appartenant à M. Mesman, muni d'un guide pris dans le village voisin, et suivi d'un
de ses domestiques, il partit à six heures du matin. Une course
de trois heures le conduisit aux cataractes.

La rivière, large d'une vingtaine de mètres, sort d'une fissure entre deux murs latéraux de roches calcaires, et se déploie en nappe mince sur une masse arrondie de basalte
haute d'une quarantaine de mètres et formant deux surfaces
courbes séparées par une légère saillie. L'eau écume et tour-
noie en cônes concentriques jusqu'à ce qu'elle tombe dans le
bassin profond creusé au-dessous. Par le bord même de la
cascade, un chemin étroit et très escarpé conduit au cours
supérieur de la rivière, et, pendant quelques centaines de
mètres, le côtoie sur une étroite rampe, le long de la falaise;
souvent il prend le lit même du torrent; après quoi, la roche
reculant un peu d'un côté et laissant une berge boisée, il
continue jusqu'à une autre chute plus petite que la précédente.

La rivière a l'air de sourdre d'une caverne, tant elle est
encombrée d'éboulis de rochers qui barrent le passage et empêchent d'aller plus loin. On ne peut approcher de la cascade
même qu'en prenant une sente étroite qui contourne une
énorme tranche de roche à demi détachée de la montagne,
dont elle est séparée par un intervalle de 60 à 90 centimètres,

débouché d'une crevasse obscure qui s'étend dans les entrailles de la montagne. A l'endroit où commence cette crevasse, le sentier tourne à gauche, enfile une gorge et escalade une pente au-dessus de laquelle une belle arche naturelle passe à une hauteur d'environ 15 mètres. De là, une descente des plus ardues, à travers la jungle épaisse, par les éclaircies de laquelle on entrevoit des précipices et de lointaines montagnes pelées, communique sans doute avec la vallée supérieure de la rivière.

De Maros, M. Wallace se rendit à la presqu'île de Ménado, qui forme l'extrémité nord-est de Célèbes; c'est la principale résidence hollandaise de l'île et elle dépend du gouvernement des Moluques.

La petite ville de Ménado est une des plus jolies de l'Orient. Elle ressemble à un vaste jardin parsemé de rustiques villas séparées par de larges rues à angles droits. De bonnes routes se ramifient en tous sens dans les terres; elles sont bordées de jolies cases, de parterres bien soignés, de plantations florissantes entremêlées de bouquets d'arbres fruitiers.

A l'ouest et au sud, et bornant l'horizon, se dressent les montagnes avec leurs groupes de pitons volcaniques, hauts de 2000 à 2300 mètres.

Cette partie de Célèbes se nomme Minahasa. Ses habitants diffèrent beaucoup de ceux du reste de l'île, comme de toutes les autres parties de l'archipel. Leur teint brun clair ou jaune foncé se rapproche souvent de celui des Européens; leur corps est un peu gros pour leur petite taille, mais leurs membres sont bien faits; leur physionomie ouverte et agréable se défigure plus ou moins, lorsqu'ils avancent en âge, par les saillies des pommettes des joues; ils ont la chevelure longue, plate et noire des Malais.

Après avoir arrêté son itinéraire, M. Wallace se rendit au village de Tonda, d'où une montée presque continuelle pendant 12 kilomètres le conduisit au plateau de Tondano, élevé

CHUTE DE LA RIVIÈRE MAROS

d’environ 80 mètres au-dessus du niveau de la mer. Au bout
de cinq heures d’escalade, il arriva à Tomohon, chef-lieu de
district, qu’il quitta le lendemain, escorté de douze hommes
chargés de ses effets. La route montait jusqu’à un col de
1300 mètres d’altitude à peu près, puis s’abaissait de 200
mètres au village de Rurukan, le plus élevé du district de
Minahasa et probablement de toute l’île. Ce village est situé
sur un petit plateau, terminé d’un côté par le versant escarpé
et ombreux qui descend au beau lac de Tondano, fermé sur
la rive opposée par une chaîne volcanique. De l’autre côté, un
ravin profond sépare Rurukan d’une contrée montueuse et
boisée.

« C’est pendant mon séjour à Rurukan, dit M. Wallace, que
j’eus « la satisfaction » d’éprouver un assez rude tremblement de terre. Un soir, à huit heures un quart, comme j’étais
assis à lire, la case commença à branler par un mouvement
d’abord peu sensible, puis croissant rapidement de vitesse.
Pendant quelques secondes, je « jouis » à mon aise d’une
sensation si nouvelle; mais, en moins d’une demi-minute, le
vacillement devint assez fort pour me secouer sur ma chaise
et faire visiblement osciller la maison, qui craquait et crépi-
tait comme si elle allait se briser.

« Partout, dans le village, retentissaient les cris de Tana
goyang! tana goyang! (Tremblement de terre!) Les femmes
et les enfants poussaient des clameurs assourdissantes : je
crus prudent de détaler; mais j’avais le vertige, mes pas
chancelaient, à peine si je pouvais me tenir en équilibre;
pendant une minute au moins il me semblait que je venais
de tourner longtemps sur moi-même; j’avais presque le mal
de mer.

« En rentrant à la maison, je trouvai une bouteille d’arack
renversée et le gobelet qui me servait de lampe jeté en dehors de sa soucoupe. Les secousses me parurent verticales,
rapides, vibratoires, par saccades. Elles auraient suffi, sans

INDIGÈNE DE MÉNADO (CÉLÈBES) (page 120).

nul doute, pour renverser des cheminées de briques, des murs et des clochers; mais, comme ici les maisons sont en bois, elles ne peuvent être gravement endommagées que par des oscillations qui détruiraient entièrement une ville européenne. Dix ans auparavant, une plus forte secousse avait renversé plusieurs cases et causé la mort de quelques personnes. »

Quelques jours après, M. Wallace était à Tondano, gros village de 7000 âmes, situé à l'extrémité nord du lac du même nom. On le conduisit, le même jour, aux chutes de la rivière qui sert de déversoir au lac. Elles se trouvent à 2 kilomètres au-dessous du village, dans un endroit où un léger renflement du sol forme la limite du bassin, et a, sans nul doute, été jadis une des berges de la nappe d'eau.

Le torrent entre dans une gorge étroite et tortueuse, le long de laquelle il s'élance avec furie pour plonger tout à coup dans une faille profonde, ouverture d'une grande vallée. Au-dessus de la principale cascade, la rivière n'a pas plus de 3 mètres de largeur; on la traverse sur quelques planches d'où l'on peut voir, à demi cachées par une végétation vigoureuse, les eaux se précipiter follement dans l'abîme. C'est là que, quatre ans auparavant, le gouverneur général des Indes hollandaises avait cherché la mort. Il était atteint d'une maladie qui lui rendait l'existence insupportable. Son cadavre fut retiré le lendemain du cours inférieur de la rivière.

Ces cataractes, au nombre de deux, ont une hauteur de 450 à 550 mètres.

Après un séjour d'une quinzaine de jours, M. Wallace quitta le charmant village de Rurukan et se transporta en pirogue au sud du lac, à 16 kilomètres environ. Toute la partie nord se transforme en marécages qui s'étendent au loin; mais à mesure qu'on avançait, on voyait peu à peu les collines se rapprocher de la nappe d'eau, qui alors ressemblait à un grand fleuve de 4 kilomètres de large. Le voyageur dé-

ROUTE DE RURAKAN (page 122).

barqua à Kakas; de là il gagna le village de Langowan, situé dans une plaine, à une distance de 6 kilomètres, et s'installa dans la grande maison ouverte aux touristes.

Le lendemain, il alla visiter les sources chaudes et les volcans de boue qu'on trouve dans les environs. Un sentier pittoresque, tracé parmi les plantations et les ravines, le conduisit à un admirable bassin circulaire d'à peu près 12 mètres de diamètre, entouré d'une margelle naturelle à courbure si parfaite qu'elle semble plutôt une œuvre de l'art. Des nuées de vapeurs sulfureuses planent sur sa surface; l'eau pure et presque bouillante dont il est empli déborde pardessus la vasque et forme un petit ruisseau, encore trop chaud à une centaine de mètres pour qu'on puisse y tenir la main. Un peu plus loin, dans un bois, au milieu des broussailles, deux autres sources, à contour plus irrégulier, jaillissent à gros bouillons, et, par intervalles de quelques minutes, dégagent de la vapeur et des gaz qui lancent dans les airs des gerbes cristallines d'environ 1 mètre de haut.

Les volcans de boue, à deux kilomètres des eaux thermales, sont encore plus extraordinaires. Dans une légère dépression de terrain en pente, on voit un petit lac de fange liquide semée par endroits de larges taches bleues, rouges et jaunes, et bouillonnant en laissant échapper des bulles de gaz. Tout autour, l'argile durcie est percée de puits étroits remplis de boue fumante. Les éruptions en miniature se succèdent sous les yeux du spectateur : il se forme d'abord un trou par où s'élancent des jets de vapeur et de fange brûlante, et qui, en se desséchant, devient un cône au sommet duquel s'ouvre un cratère.

Il serait imprudent de contempler de trop près ces phénomènes; le sous-sol est évidemment en ébullition et le terrain cède sous les pas comme une mince croûte de glace. M. Wallace réussit cependant à s'avancer auprès d'un de ces petits puits marginaux; il étendait la main pour se rendre mieux compte de la chaleur qui en pouvait rayonner, lorsqu'un petit jet de boue liquide lui éclaboussa le doigt et le brûla comme eût fait de l'eau bouillante. A quelques mètres plus loin, une

SOURCES CHAUDES, PRÈS LE LAC DE TONDANO.

surface nue, plane et chaude comme le revêtement d'un four, est, sans nul doute, un ancien étang de boue desséchée et durcie. Partout à la ronde affluent des gisements d'argile blanche et rougeâtre, employée dans le pays à badigeonner les murs ; la chaleur du sol est si forte qu'à peine peut-on tenir la main dans les fissures de quelques centimètres de profondeur d'où s'élève une vapeur soufrée. Il y avait quelques années, d'après ce que l'on racontait, un voyageur français s'étant hasardé trop près du lac de boue, la croûte s'en effondra et il fut englouti dans l'horrible chaudière.

Il semblerait, au premier abord, que ces foyers d'intense chaleur sont, pour cette région, une menace perpétuelle ; il est probable cependant qu'ils tiennent lieu de soupapes de sûreté, et que les inégalités de résistance des parties diverses de l'écorce terrestre empêcheront toujours l'accumulation des forces nécessaires pour soulever et bouleverser le sol sur une certaine étendue.

Le grand volcan situé à 10 kilomètres vers l'ouest n'a pas donné signe de vie depuis une trentaine d'années ; à cette époque, il couvrit le pays de cendres et présenta, dit-on, un spectacle des plus magnifiques. Les plaines qui entourent le lac de Tondano, formées de produits ignés en décomposition, sont d'une étonnante fertilité. Un bon terrain, planté en riz ou en maïs, rapporte trente pour un et les caféiers donnent des fruits abondants sans engrais et presque sans culture.

Le plateau de Tondano est presque partout habité par des naturels au teint à peine plus coloré que les Chinois, aux traits agréables à demi européens.

Le plus remarquable des mammifères de Célèbes est le *babiroussa*, qui mérite une mention toute particulière.

Le babiroussa, ou cochon-cerf, a été ainsi nommé par les Malais à cause de ses longues jambes minces et de ses défenses recourbées ressemblant à des cornes. Cet animal extraordinaire a la physionomie générale du porc, mais il ne fouille pas de son groin et se nourrit des fruits qui tombent sur le sol. Les défenses de la mâchoire inférieure sont pointues et très longues ; les supérieures, au lieu de suivre la direction accoutumée, croissent de bas en haut et, sortant par des orbites osseuses, de chaque côté de la hure, s'infléchissent en arrière jusque au-dessus des yeux; chez les vieux mâles, elles mesurent de 18 à 25 centimètres.

Il est difficile de comprendre quel peut être l'usage de ces dents phénoménales. Les anciens auteurs prétendent qu'elles servent au babiroussa de crochets pour reposer sa tête sur une

LE BABIROUSSA.

branche; la courbe décrite juste au-devant des yeux a suggéré l'idée plus plausible qu'elles garantissent ces organes des aiguillons et des piquants lorsque l'animal cherche des fruits parmi les fouillis de rotins et autres plantes épineuses. La femelle pourtant n'en a pas, bien qu'elle se nourrisse de la même manière. Il serait plutôt permis de croire que ces défenses, autrefois nécessaires, s'usent à mesure de la croissance; de nouvelles conditions de milieu les ayant rendues inutiles, elles ont pris un développement anormal, tout comme les incisives du castor et du lapin, lorsque les dents opposées ne les liment pas. Chez les vieux mâles, elles sont généralement cassées du bout, résultat sans doute de quelque bataille.

Les canines supérieures des *phacochères* (sangliers à verrue) de l'Afrique poussent en dehors, de façon à former la transition des dents de leurs autres congénères à celles du babiroussa; telles sont les seules affinités qu'on puisse découvrir entre ces animaux; le cochon-cerf paraît entièrement isolé du reste de la tribu porcine.

GROUPE DES MOLUQUES

CHAPITRE VII

« Le bateau qui me conduisit à Banda et à Amboine [1], dit
M. Wallace, est un navire confortable et spacieux, quoique
assez mauvais marcheur pour ne faire que 8 kilomètres à
l'heure et en beau temps. Nous étions quatre passagers en
tout : aussi jamais voyage maritime ne me fut plus agréable.

« La manière de vivre diffère un peu de celle à laquelle nous
sommes accoutumés sur nos vapeurs : il n'y a point de domestiques, chaque personne « respectable » emmenant invariablement les siens; le maître d'hôtel ne s'occupe que du salon
et de la cuisine; à dire vrai, cette dernière partie du service
n'est point une sinécure : le matin, à six heures, on sert thé
ou café, à volonté; à sept, léger déjeuner : thé, café, sardines;
à dix, on apporte sur le pont du madère, du genièvre, des
amers, pour aiguiser l'appétit, en vue du premier repas « de
fond », qui commence à onze heures; à trois heures, thé et
café; à cinq, nouvelle apparition de liqueurs apéritives; à

---

1. L'archipel des Moluques est situé entre Célèbes et la Papouasie, entre
5° 30′ de latitude sud et 3° de latitude nord, et par 124°-127° de longitude est.
Les îles qui le composent sont très fertiles, et la nature de leur végétation les a
fait surnommer *îles aux Épices*. Elles ont été découvertes en 1511 par les Portugais, qui les exploitèrent dans le plus grand secret; les Hollandais s'en emparèrent en 1607 et en tirent d'inépuisables profits. Elles se divisent en trois
groupes : Banda, Amboine et les Moluques propres (Gilolo, Ternate, Céram, etc.).

six heures et demie, long et plantureux dîner, avec porter et vin de Bordeaux ; à huit, thé et café, quatrième édition. Entre temps, on n'a que la peine de demander pour qu'on vous apporte de la bière et des limonades gazeuses. Aussi les personnes solides d'estomac ne manquent pas de moyens de tromper l'ennui d'une traversée de long cours. »

Banda[1] est un charmant archipel en miniature ; ses trois îlots enclavent un havre sûr, dont l'eau est si transparente que les polypes de corail et les plus petits objets se distinguent parfaitement sur le sable à une profondeur de 7 ou 8 brasses (12 ou 14 mètres). Le volcan, couronné de son éternelle fumée, élève son cône dénudé d'un côté du port, tandis que partout ailleurs le sol disparaît sous une verdure éblouissante.

« En mettant le pied sur la terre ferme, dit M. Wallace, je suivis un joli sentier qui mène au point culminant de l'îlot où se trouve la résidence et une station sémaphorique d'où l'on jouit d'un coup d'œil splendide. Au-dessous se déploie la petite ville, avec ses maisons blanches à tuiles rouges et ses cases indigènes aux toits de palmier ; elle est bornée d'un côté par le vieux fort portugais. A moins de 1 kilomètre de là commence la grande île, découpée en fer à cheval et formée par une chaîne de collines abruptes couverte d'arbres et de jardins de muscadiers ; en face même de la ville se dresse le volcan, cône presque régulier dont la base seule est tapissée d'arbrisseaux d'un vert gai. Au nord, le contour s'infléchit un peu ; et, d'une dépression située vers les quatre cinquièmes de la hauteur totale, on voit sortir deux grandes colonnes de fumée ; des jets de vapeur montent de toutes parts de l'âpre surface et du sommet même du pic ; une efflorescence blanchâtre, sulfureuse sans doute, couvre le sol de la partie supérieure, interrompue par les lignes noires

1. Ce petit groupe se compose des îles Banda, Banda-Neira et Key. Sa capitale est Nassau, dans l'île de Banda. Il fut découvert par les Portugais en 1512 ; les Hollandais l'occupent depuis 1599.

et verticales des ravines. La fumée se condense dans cette
atmosphère calme et humide, et forme un nuage épais et
sombre qui cache presque toujours la cime de la montagne ;
le soir et à l'aube, ce nuage s'élève parfois et permet à l'œil
dé suivre le profil tout entier du géant. »

D'après notre voyageur, le petit archipel, autrefois réuni
à Céram, en aurait été arraché par le soulèvement du volcan.

LE VOLCAN DE BANDA.

Les mouvements du sol sont très fréquents à Banda, où quelquefois les secousses renversent les maisons et lancent par
les rues les navires mouillés dans le port.

En dépit de ces désastres et de la position isolée du groupe,
Banda est une source de profits pour le gouvernement hollandais, qui en a fait le principal lieu de production des muscadiers ; on les plante à l'ombre des grands arbres des Cana-

ries. Le sol volcanique et l'humidité excessive de ces îles où il pleut plus ou moins chaque mois de l'année, conviennent parfaitement à ces végétaux, qui demandent peu de soin et pas du tout d'engrais : en toute saison ils se couvrent de fruits mûrs, sans être jamais atteints des maladies résultant de cultures forcées.

Peu de végétaux cultivés ont le port plus élégant que le muscadier. Il s'élève à la hauteur de 6 à 9 mètres ; il a des feuilles luisantes et de petites fleurs jaunâtres ; le fruit, qui a la forme et la couleur d'une pêche un peu oblongue et la chair coriace, s'ouvre à maturité et montre son noyau recouvert d'un réseau de fibrines rouges produisant un fort bel effet. Sous cette enveloppe se trouve une amande d'un brun foncé, la muscade du commerce. Les grands pigeons de Banda avalent le noyau, dont ils ne digèrent que l'enveloppe, et rejettent la noix non endommagée.

Vingt heures de paquebot conduisirent M. Wallace de Banda à Amboine[1], la capitale des Moluques et l'un des plus beaux établissements hollandais de l'Orient.

L'île d'Amboine est formée de deux péninsules reliées ensemble par un isthme sablonneux de 1 kilomètre et demi de large. La baie occidentale, profonde de plusieurs mètres, forme un beau port au sud duquel est située la ville d'Amboine. A part quelques rues consacrées au commerce, cette ville se compose d'allées se croisant à angle droit et bordées de haies fleuries qui forment un enclos au milieu duquel s'élèvent les maisons et les cases, à demi cachées sous des palmiers et des arbres fruitiers. Les volcans de l'île se reposent aujourd'hui et l'on n'y connaît plus les tremblements de terre, si fréquents jadis dans ces parages.

Les indigènes de ce pays sont si nonchalants, que M. Wal-

---

1. Le groupe d'Amboine se compose de 11 îles, dont les principales sont Amboine, Bourou et Goram. La première est seule soumise entièrement aux Hollandais.

MOSQUÉE À AMBOINE.

lace éprouva les plus grandes difficultés à se procurer un bateau et des rameurs pour traverser la baie.

« En glissant sur les eaux paisibles du port, plutôt semblable à une belle rivière, dit-il, je ne me lassais pas d'admirer les coraux, les éponges, les actinies, les milliers de ces
fruits de l'Océan aux formes diverses, aux splendides couleurs, et si abondants qu'ils cachent entièrement le sable de
la mer. La profondeur de la mer varie entre 6 et 15 mètres,
et les anfractuosités, les fissures, les monticules et les vallons
de la plage sous-marine offrent une multitude de stations à ces
forêts vivantes. Au dedans, au-dessus, s'agitaient des myriades de poissons rouges, bleus, jaunes, rayés, mouchetés,
zébrés, chamarrés, tandis que de grandes méduses translu-
cides, roses ou orangées, flottaient près de la surface. Aucune
description n'en peut rendre la surprenante beauté. Pour la
première fois la réalité surpassait tout ce que j'avais lu sur
les merveilles des mers de corail. Le havre d'Amboine est
peut-être le lieu du monde le plus riche en madrépores, en
algues, en poissons et en coquillages. »

A partir du nord de la baie, une bonne et large chaussée
franchit marécages, clairières et forêts, collines et vallées, et
se prolonge jusqu'à l'extrémité septentrionale de l'île. C'est
là que s'établit M. Wallace, dans une simple hutte de feuillage, composée d'une véranda et d'une petite chambre noire
élevée de 1 mètre et demi au-dessus du sol et à laquelle on
accédait par quelques marches grossières ; planchers, parois,
tout était en bambou, ainsi que les deux chaises, la table et
le sofa.

Une fois installé, notre collectionneur commença ses
chasses aux insectes, parmi les arbres coupés depuis peu ; il y
recueillit des coléoptères aux formes élégantes, aux couleurs
splendides, et presque tous inconnus pour lui. Ses veillées
sous la véranda étaient consacrées à la capture des insectes
attirés par la lumière.

« Un soir, vers neuf heures, dit-il, j'entendis au-dessus de
ma tête une sorte de frôlement, comme si quelque animal
pesant se glissait sur mon toit de feuilles, puis le bruit cessa
et je ne m'en occupai plus. Le lendemain dans l'après-midi,
me trouvant un peu fatigué, je m'étendis sur mon sofa pour
lire ; en levant les yeux, j'aperçus, entre les solives du faîtage,
un objet tacheté de noir et de jaune, « quelque écaille de
tortue, pensai-je, qu'on aura mise là pour en débarrasser la
chambre. » Tout à coup je vis remuer la chose en question :
c'était un gros serpent enroulé sur lui-même ; ses yeux étin-
celaient au centre des anneaux. Un python, rampant le long
d'un pilier, s'était introduit sous le toit ; toute la nuit j'avais
dormi à moins de 1 mètre de ce dangereux voisin.

« J'appelai mes deux domestiques, qui travaillaient à pré-
parer des oiseaux ; dès qu'ils eurent vu le serpent, ils dé-
gringolèrent l'escalier de la véranda en me conjurant de les
suivre au plus vite. Quelques-uns des ouvriers de la plantation accoururent et tinrent conseil. Un d'entre eux, natif de
Bourou, où foissonnent ces reptiles, se chargea seul de la besogne. Ayant d'abord fait avec un rotin une sorte de lasso,
il agaça, au moyen d'une longue perche, le serpent, qui commença à se dérouler avec lenteur. Notre homme lui passa
adroitement le nœud au-dessus de la tête et, l'ayant glissé
jusqu'au milieu du corps, essaya de tirer l'animal vers lui.
Celui-ci, furieux, s'enlaçait autour des chaises et des poteaux. Le tapage était à son comble ; l'indigène parvint
cependant à saisir le python par la queue, et, courant
comme un fou, le lança de toutes ses forces contre un arbre,
afin de lui briser le crâne ; mais il manqua son coup, et le
serpent se réfugia sous une souche. Son ennemi le délogea
de nouveau avec un bâton, s'en empara encore et, reprenant
sa course, l'étourdit en lui frappant la tête, et l'acheva avec
une serpe. Il mesurait 3 mètres 60 de long et aurait pu avaler
un chien ou un enfant. »

En fait d'oiseaux remarquables, **M.** Wallace ne trouva dans cette région que deux espèces : d'abord de beaux loris d'un rouge vif, qui venaient s'abattre sur les arbres en fleur pour boire le nectar des corolles ; puis un ou deux échantillons du roi des martins-pêcheurs d'Amboine (*Tanysiptera nais*), un des plus beaux et des plus singuliers de cette splendide famille. Ils se distinguent de leurs congénères, qui ont presque tous des queues courtes, par deux plumes médianes immensément allongées, à rebord très étroit, puis s'épanouissant au bout en forme de raquettes. Cet oiseau ne se trouve que dans les Moluques, la Nouvelle-Guinée et l'Australie septentrionale. On en connaît une dizaine d'espèces, toutes très voisines les unes des autres, mais distinctes cependant pour chaque localité. Celle d'Amboine est une des plus grandes et des plus

TANYSIPTERA NAIS.

AMBOINE. EXPULSION D'UN INTRUS.

belles. Elle mesure 33 centimètres jusqu'au bout de ses grandes plumes; le bec est rouge corail, le dessous du ventre d'un blanc pur; le dos et les ailes sont violet foncé; les épaules, le cou, la nuque, quelques mouchetures sur le dos et les ailes, d'un bleu clair magnifique; la queue est blanche, avec des plumes finement lisérées d'azur; la partie étroite des longues pennes, d'un bleu admirable.

Après une absence de trois semaines, M. Wallace revint à Amboine, où il passa quelque temps pour se guérir d'une fièvre persistante. Il employa ce repos forcé à étudier la manière de vivre de la population.

Dans leurs colonies, les Hollandais, « plus sages en cela que les Anglais, » dit M. Wallace, ont adopté des coutumes en rapport avec le climat des tropiques. Ils portent chez eux d'amples vêtements de coton et ne prennent que pour sortir des habits de drap léger à la mode européenne. Toutes les affaires s'expédient le matin; l'après-midi est consacré au repos et le soir aux relations sociales.

Les indigènes de la cité forment une population indolente, bigarrée, semi-civilisée, semi-barbare, qui tire son origine des Papous de Céram, des Portugais et des Malais, avec quelque mélange hollandais ou chinois. L'élément portugais domine chez « les vieux chrétiens », ainsi que l'indiquent leurs traits, leurs habitudes et l'usage de plusieurs mots lusitaniens qu'ils mêlent au malais, leur langue habituelle. Au logis, ils sont vêtus d'une chemise blanche plaquée sur le corps, d'un pantalon noir et d'une sorte de blouse de même couleur; le costume favori des femmes est aussi entièrement noir. Pour les fêtes et les grandes cérémonies, ils adoptent l'habit à queue de morue, le tuyau de poêle, et déploient avec orgueil toute l'absurdité de notre tenue d'apparat. Quoique devenus protestants, ils conservent pour leurs noces et réjouissances les processions et les chants de l'Église catholique, curieusement mélangés avec les gongs et les danses des aborigènes du pays. Leur dialecte contient peu de mots hollandais, quoiqu'ils entendent parler cette langue autour d'eux depuis plus de deux cent cinquante ans; les noms d'oiseaux, d'arbres et d'autres objets, aussi bien que nombre de termes domestiques, sont évidemment lusitaniens. Cependant aucun d'eux ne se doute que ces mots puissent venir de si loin.

La faune maritime de l'île est peut-être sans rivale pour la rareté et la beauté des familles qui la composent. Le docteur Blecker, célèbre ichtyologiste hollandais, a publié un catalogue de 780 espèces de poissons, nombre presque égal à la totalité de celles des mers et des rivières d'Europe. Presque tous ont des teintes d'une richesse extrême et sont marqués de bandes et de mouchetures jaune d'or, rouges ou bleues.

Dans le but d'explorer complètement l'île, M. Wallace alla visiter Paso, l'isthme qui réunit les deux parties d'Amboine. Le village est situé sur la côte orientale; on y jouit d'une vue charmante de la mer et de l'île de Harouka. Une petite rivière, qui a son embouchure sur le bord opposé, est continuée par un canal peu profond, s'arrêtant à 30 mètres seulement de l'endroit qu'atteint la haute mer sur la plage de Paso. Tous les petits caboteurs de Céram et des îlots de Saparoua et de Harouka passant au travers de l'isthme, on doit transporter les embarcations à bras, par-dessus la crête sablonneuse de cette plage.

Notre voyageur fut retenu deux mois à Paso par une éruption inflammatoire des plus malignes. Son corps était semé de grosses ampoules siégeant surtout sur les paupières, les joues, les aisselles, le dos, les cuisses, les genoux, les chevilles; il ne pouvait ni s'asseoir ni marcher, et il lui était bien difficile de trouver un côté sur lequel il parvînt à se coucher sans douleur. Ces cloches se desséchaient pour être remplacées par d'autres; mais il finit par se guérir, grâce à un bon régime et à de fréquents bains de mer.

« C'est à Paso, dit-il, que je savourai pour la première

fois une délicieuse friandise que nulle part ailleurs je n'ai
trouvée dans sa perfection : le fruit du véritable arbre à pain.
On en a planté beaucoup dans les environs, et presque tous
les jours nous en achetions aux bateaux allant à Amboine et
qu'on déchargeait juste devant ma porte pour les transporter
par-dessus la langue de sable dont j'ai parlé. Cet arbre croît
dans l'autre partie de l'archipel, mais en petite quantité, et
la saison du fruit passe très vite. On le fait cuire entier sous
les cendres chaudes et on en évide l'intérieur avec une cuiller.
Je lui trouvai le goût d'un poudding du Yorkshire; Charles
Allen le comparait à un gâteau de pommes de terre. Il est de
la grosseur d'un melon, un peu fibreux vers le centre, partout ailleurs de la consistance d'un flan à la semoule. Nous
le mangions parfois en étuvée ou frit par tranches; mais il
n'est jamais si bon que simplement cuit au four. On le mange
seul ou assaisonné n'importe de quelle façon. Au jus, ou
comme garniture des plats de viande, il forme, à mon avis,
un « légume » supérieur à tous ceux des tropiques ou des
zones tempérées, et avec du sucre, du lait, du beurre et de
la mélasse, on en fait un gâteau délicieux, de goût délicat,
mais très caractéristique, dont on ne se fatigue pas plus que
du bon pain ou des pommes de terre.

« Si ce fruit précieux est comparativement rare, c'est que
les semences en sont atrophiées par la culture et que, par
conséquent, l'arbre ne se multiplie qu'au moyen de boutures.
La variété à graines fertiles est commune dans toute la zone
tropicale; mais quoique ces graines soient fort bonnes à manger
et rappellent nos châtaignes, la pulpe qui les entoure ne vaut
rien. Maintenant que le transport des jeunes plants est rendu
si facile par la vapeur et les casiers de Ward, il serait à dé-
sirer qu'on dotât nos Antilles de ce « légume » sans rival : le
fruit se conservant quelque temps après la cueillette, on
pourrait en vendre sur les marchés de Londres et de Paris. »

Les quelques mois que M. Wallace passa à Amboine n'en-

richirent pas beaucoup ses collections. « Et pourtant, dit-il,
cette île reste brillante dans mes souvenirs : c'est là que j'ai
fait connaissance avec les oiseaux et les insectes splendides
qui font des Moluques la terre classique des naturalistes et
en caractérisent la faune comme une des plus belles du
globe. »

Trois jours après son départ d'Amboine, M. Wallace abor-
dait à la côte la plus rapprochée de l'île de Céram[1].

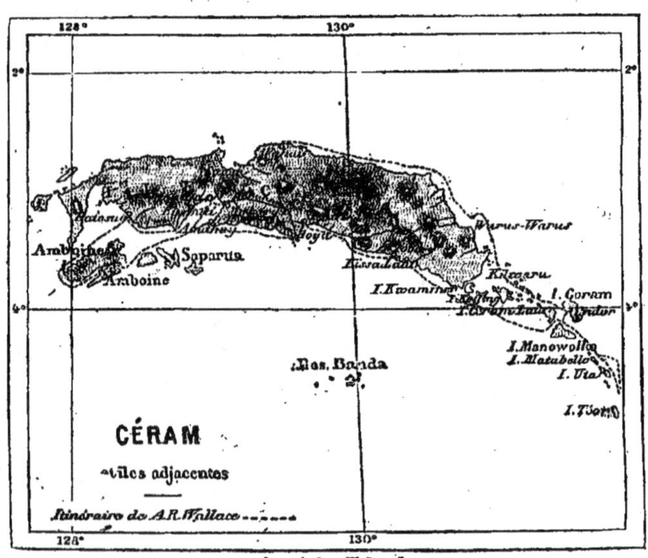

Avec un bateau monté de 20 hommes d'équipage, que lui
fournit le résident de Saparoua, il gagna le village d'Elpi-
pouti ; puis, remontant la baie d'Amahay jusqu'au hameau

1. Ile située entre Amboine et la Papouasie, d'une longueur de 330 kilomètres
sur 65 de largeur. Ses montagnes atteignent la hauteur de 2 à 3000 mètres. Elle
est gouvernée par plusieurs petits rajahs vassaux des Hollandais.

d'Awaiya, récemment fondé par des naturels venus de l'intérieur et auprès duquel des Amboinais avaient établi de grandes plantations de cacaoyers.

Il se procura une case où il fit transporter ses bagages et congédia ses vingt rameurs après les avoir payés, malgré l'irritation que lui avait causée le bruit de leurs tam-tam, frappés sans relâche par deux d'entre eux pendant toute la durée du voyage.

Dans ce pays, les gens sont presque nus et vivent à peu près comme dans l'état de nature. Les hommes portent fièrement leur chevelure crépue, réunie sur la tempe gauche en un nœud circulaire et aplati; ils ont aux oreilles des cylindres de bois gros comme le pouce et colorés de rouge à l'extrémité; leur parure est complétée par des bracelets et des anneaux de jambe en herbes tressées ou en argent, des colliers de verroteries ou de petites baies. Les femmes « s'habillent » de même façon, mais laissent flotter leurs cheveux. Ces indigènes ont la taille haute, la peau brun foncé, la physionomie papoue bien marquée.

Un maître d'école amboinais habite le village et bon nombre d'enfants fréquentent la classe tous les matins.

Les sauvages qui embrassent le christianisme ne retroussent pas leurs cheveux et portent un caleçon et une large chemise. Parmi eux, le malais est fort peu parlé, tous les hameaux échelonnés sur la côte étant depuis peu construits par les indigènes, qu'on a su persuader de quitter les hauteurs inaccessibles de l'intérieur. Il ne reste plus dans le centre de l'île qu'un seul village convenablement peuplé et deux ou trois autres à l'est et à l'ouest. A part ces exceptions, tous les habitants de l'île sont maintenant établis sur le bord de la mer. Au nord et à l'est, on ne trouve guère que des mahométans; sur le rivage opposé à Amboine, les indigènes professent le christianisme.

Dans toute cette partie de l'archipel, les Hollandais travail-

lent à améliorer la condition des aborigènes; ils payent des
« vaccinateurs » natifs, afin d'enrayer les ravages de la petite
vérole, et établissent dans chaque village des maîtres d'école,
pour la plupart d'Amboine ou de Saparoua, où ils ont été
instruits par des missionnaires. Le gouvernement encourage
la culture du cacao et du café; c'est l'un des meilleurs
moyens d'introduire l'aisance parmi les populations indigènes, qui trouvent ainsi de l'ouvrage à un prix raisonnable
et prennent des goûts et des usages européens.

Les insectes étant rares dans ce canton, et les oiseaux in-
trouvables, M. Ravenberg, qui représentait le gouverneur
hollandais dans toute cette partie de Céram, indiqua à
M. Wallace un endroit, vers le centre de l'île, où de bonnes
découvertes étaient certaines. Il accompagna le voyageur
jusqu'à Makariki, village situé au fond de la baie d'Amahay,
d'où un sentier conduit, à travers l'île, jusqu'à la côte nord,
et ordonna à l'orang-kaya (chef de tribu) de fournir les porteurs nécessaires.

M. Wallace partit donc de Makariki suivi de dix indigènes
chargés des effets, et d'un enfant auquel il confia ses filets à
papillons. Après avoir franchi plusieurs petits ruisseaux, on
arriva au Rouatan, rivière profonde et rapide, la plus grande
de Céram, et qu'il fallut traverser avec de l'eau jusqu'aux
aisselles. Un peu plus tard, on entra dans une gorge profonde
où sans cesse il fallait grimper sur les roches, faire la na-
vette d'un bord à l'autre, ou couper à travers la forêt. Enfin
on arriva à un ancien campement hollandais où l'on passa la
nuit.

« Le lendemain à six heures du matin, dit M. Wallace,
nous étions en route; jusqu'à neuf nous traversâmes le torrent quarante fois au moins, l'eau nous montant aux genoux;
le sentier s'en éloigna enfin, et, après la halte du déjeuner,
nous conduisit à une altitude de 50 mètres au-dessus du
niveau de la mer. C'est là que je vis une charmante et dé-

licate fougère arborescente à peine plus grosse que mon pouce et s'élevant à 4 ou 5 mètres de hauteur. Je trouvai un nouveau papillon du genre *Pilris* et une magnifique femelle de *Papilio Gambrisius*, dont jusqu'à présent je ne connaissais que le mâle, plus petit et de couleur très différente. Nous redescendîmes le versant par une pente des plus ardues et nous nous arrêtâmes sur le bord d'un autre cours d'eau presque au centre de l'île : c'est là que nous devions passer deux ou trois jours.

« La rivière, large de 20 mètres à peu près, court entre de hautes collines qui parfois s'écartent assez pour laisser un marais à leur pied. La forêt vierge, feuillue, sombre, triste, humide, s'étend de toutes parts. Les deux jours et demi de notre halte furent employés à descendre et à remonter les berges à la poursuite des papillons, dont je recueillis en tout cinquante ou soixante exemplaires, plusieurs d'espèces nouvelles pour moi.

« Ces courses dans l'eau, sur les roches ou sur les galets, furent fatales aux deux paires de souliers que j'avais emportées ; le dernier jour, je dus marcher « en pieds de bas » et rentrai à Makariki dans un état déplorable. Je me procurai un bateau pour retourner à Awaiya, mais le vent et l'orage nous tinrent fidèle compagnie, et le soir je regagnai le logis à demi mort et mes bagages entièrement mouillés. »

Revenu à Céram, M. Wallace se résolut à suivre la côte de village en village, jusqu'à ce qu'il eût trouvé une localité favorable. Le gouverneur des Moluques lui avait donné une lettre invitant tous les chefs à lui fournir des bateaux et des rameurs. La première embarcation le mena jusqu'à Hoya, point auquel elle devait s'arrêter. Le rajah du lieu, ne pouvant lui procurer une prao (barque indigène) assez grande, lui en envoya quatre petites, avec lesquelles il traversa la profonde baie de Téluté, en face de la majestueuse chaîne centrale de l'île.

D'après les promesses qui lui avaient été faites, il comptait sur d'heureuses trouvailles; mais, n'ayant rien ou presque rien rencontré de nouveau, il s'empressa de revenir sur ses

MONTAGNE DE MANCHIRI (CÉRAM).

pas et se fit conduire à Kissa-Cant, où il fut retenu quatre semaines entières faute d'embarcation. Il trouva enfin un navire, mais si petit que, ses nombreuses malles placées, on avait à peine la place de dormir et de faire la cuisine.

Le second jour, on longea les mamelons calcaires qui forment l'extrémité orientale de Céram, et laissant de côté les îlots très peuplés de Kivammer et de Keffing, on arriva en vue de Kilwarou, qui sort de la mer comme une Venise océanienne. Pas une parcelle de terre, par un brin de végétation ne paraît aux regards; mais au loin s'étend le village qui semble flotter sur les eaux. L'îlot qui lui sert de base est entièrement caché par les maisons, toutes bâties sur pilotis. C'est le grand entrepôt de la majeure partie du trafic des mers orientales. Ce lieu a sans doute été choisi à cause de sa proximité du profond chenal qui coupe les vastes bas-fonds des côtes de Kissa-Cant et de l'est de Céram.

Après une excursion aux îles de Goram, de Manowolko et de Matabello, M. Wallace se rapprocha de Céram et son bâtiment vint jeter l'ancre devant le village de Warou-Warou.

Warou-Warou est au centre de la région des sagoutiers qui fournissent leur pain quotidien à presque tous les indigènes des terres avoisinantes. Un séjour d'une semaine permit à notre voyageur de suivre toute les phases de cette fabrication.

Cet arbre, un peu plus gros que le cocotier, quoique rarement aussi long, a d'énormes feuilles pennées et épineuses, qui recouvrent complètement le tronc pendant un certain nombre d'années. Sa tige pousse horizontalement sur le sol, comme celle du nipa, jusqu'à l'âge de dix à quinze ans; alors elle projette un immense épi terminal de fleurs. La fructification achevée, l'arbre se dessèche et meurt. Il croît dans les marais et dans les flaques humides des pentes rocheuses, où il prospère aussi bien que dans l'eau salée ou saumâtre.

La côte médiane de ses feuilles gigantesques est une des choses les plus utiles de ce pays et remplace le bambou, auquel elle est supérieure pour une foule d'usages. Elle a de 3 à 4 mètres et demi de longueur, et souvent, à sa base, elle

RADE ET VILLAGE DE WAROU-WAROU (WARUS-WARUS, CÉRAM).

est aussi épaisse que la jambe d'un homme. Composée de moelle très ferme, elle est recouverte d'un épiderme mince mais d'une grande résistance. On en bâtit des cases entières, ou bien on s'en sert comme de perches pour soutenir le toit; fendues et posées sur des solives, elles forment les planchers choisies de grandeur uniforme et chevillées côte à côte, pour remplir les panneaux des charpentes, elles produisent un bel effet et atteignent mieux leur but que les planches, car elles ne gauchissent point, ne demandent ni vernis ni peinture et coûtent les trois quarts moins. Débitées en planches minces, puis réunies au moyen de chevilles de l'écorce du même arbre, on en fait ces jolies boîtes recouvertes de feuillages qu'on achète à Goram. Aux Moluques, toutes celles dont M. Wallace se servit pour ses collections avaient été fabriquées à Amboine avec ces mêmes matériaux : doublées de fort papier en dedans et en dehors, elles sont solides, légères et retiennent parfaitement les épingles à insectes. Les folioles du sagoutier, ployées et fixées sur les petites nervures, forment l'« atap », si usité pour les toits. Enfin, le tronc de cet arbre fournit à la subsistance de plusieurs centaines de mille hommes.

On choisit un sagoutier au moment où il va monter en fleur, on le coupe au ras de terre et on enlève les feuilles et leurs gaines, ainsi qu'une large bande horizontale de l'écorce du tronc. La moelle paraît alors; roussâtre dans le bas, mais plus haut d'un blanc pur, elle est aussi dure qu'une pomme sèche et traversée par des fibres ligneuses à un pouce d'intervalle environ. On la réduit en poudre grossière, au moyen d'une lourde massue de bois dans le gros bout de laquelle est solidement implanté un cube de quartz aigu qui fait saillie d'un centimètre et demi. On s'en sert pour détacher la moelle en petits morceaux qui tombent dans le cylindre formé par l'écorce, et on procède ainsi pour le tronc entier, dont le pourtour n'a bientôt plus qu'un centimètre et demi d'épaisseur.

Tous ces débris sont transportés dans des paniers faits

avec la gaine des feuilles, vers le plus prochain ruisseau, au bord duquel on installe une machine à laver dont les matériaux viennent presque exclusivement du sagoutier lui-même. La base des grandes branches forme l'auge, près d'une des extrémités de laquelle on place, en guise de filtre, le réseau fibreux qui recouvre les pédoncules feuillés d'une jeune noix de coco. On verse de l'eau sur la moelle, qui est pétrie et pressée contre le filtre, jusqu'à ce que tout l'amidon soit dissous et ait passé au travers ; la partie fibreuse est mise de côté et on passe à une autre corbeille. L'eau chargée de fécule s'écoule dans l'auge, plus profonde vers le centre, et y dépose l'amidon avant de sortir par l'autre bout. Puis, lorsque le sédiment s'est amassé en quantité suffisante, on l'égoutte pour le rouler en cylindres du poids de près de 14 kilogr., on enveloppe ceux-ci dans des feuilles du même palmier et on les livre aux trafiquants comme fécule brute.

Dans cet état, le sagou a une légère teinte rougeâtre, et, bouilli dans l'eau, il forme une pâte glutineuse et épaisse, quelque peu astringente et qu'on mange avec du sel, du citron et des piments. Le pain se fait par gâteaux cuits dans un four d'argile divisé en compartiments verticaux de 15 à 20 centimètres de côté et d'environ 2 centimètres de large. Le cylindre de sagou brut, préalablement concassé et séché au soleil, est réduit en poudre fine et passé au tamis : le four, chauffé sur des braises ardentes, est rempli de cette farine ; on en recouvre l'ouverture d'écorce de palmier ; cinq minutes après, la cuisson des gâteaux est terminée. Chauds, ils sont excellents avec du beurre ; et arrangés avec du sucre et de la noix de coco râpée, ils deviennent un « plat doux » des plus engageants. « Au naturel, » ils ressemblent à nos petits pains de fleur de farine, mais avec une légère saveur particulière qu'on ne retrouve plus dans la fécule raffinée qu'on vend en Europe.

Pour les conserver longtemps, on les fait sécher au soleil,

puis on les empaquette par piles de vingt gâteaux. On les garde ainsi plusieurs années, cassants, secs et très durs ; mais les dents y sont habituées depuis l'enfance, et là-bas les marmots les rongent avec autant d'application que les nôtres mordent leurs tartines de beurre ou de confitures. Trempés dans l'eau et présentés au feu, ils sont, du reste, presque aussi bons que sortant du four, et j'en prenais avec mon café en guise de rôties. Bouillis et accommodés de diverses manières, ils suppléent à la rareté des légumes, et nous en faisions grand usage pour économiser le riz, qu'il est souvent difficile de se procurer si loin vers l'est.

Un tronc de grosseur ordinaire (16 mètres de haut sur $1^m,20$ à $1^m,50$ de circonférence) peut donner trente tomans ou rouleaux de 13 kilogrammes ; de chaque toman on fait 60 gâteaux de 3 par 453 grammes. Un homme n'en mange pas plus de deux par repas, et cinq lui suffisent pour sa ration quotidienne. Ces 1800 pains pesant 270 kilogrammes peuvent donc le nourrir toute une année et sans grand labeur, car deux ouvriers préparent un arbre en cinq jours, et deux femmes, dans le même temps, le peuvent mettre en gâteaux. Mais la fécule se conservant très bien à l'état brut, notre homme, en moins de dix jours, aura sa provision d'une année, en supposant que l'arbre lui appartienne, car tous les sagoutiers sont maintenant propriété privée. S'il est obligé de l'acheter, il le paye 10 francs tout au plus, et en estimant 0 fr. 50 sa journée de travail, il se trouve que son ouvrage d'un mois lui donne sa subsistance de l'année.

Ce bas prix de la nourriture a des effets fâcheux ; les habitants des districts à sagou se contentent d'ajouter un peu de poisson à leur farine, et n'ayant rien à faire chez eux, ils errent dans le voisinage pour chercher quelque occasion de trafic ou vont pêcher dans les îles environnantes ; ils trouvent inutile de cultiver la terre : aussi, quant aux aises de la vie, sont-ils fort au-dessous des Dayaks montagnards de Bornéo, et même de beaucoup de tribus plus barbares de l'archipel.

Autour de Warou-Warou, la contrée est basse et maréca-geuse et, vu l'absence de tout défrichement, il n'y a guère de sentiers praticables conduisant à la forêt.

« Cette halte forcée, dit M. Wallace, n'ajouta donc pas grand'chose à ma collection, et je ne trouvai aucun oiseau ou insecte rare qui pût relever Céram dans mon opinion de naturaliste. »

GROUPE DE LA PAPOUASIE

CHAPITRE VIII

Iles Arou.

Quoique tout à fait en dehors des routes fréquentées par
le commerce européen et habité seulement par des Papous
encore sauvages, le petit archipel des îles Arou[1] contribue
pour une part assez notable au luxe des races civilisées.
Chaque année des navires y viennent chercher des perles,
de la nacre et des écailles de tortue, qu'ils transportent en
Europe, tandis que d'autres enlèvent de pleins chargements
de nids d'hirondelles destinés à satisfaire le goût gastrono-
mique des Chinois.

Mais ce qui attirait le plus M. Wallace vers cet archipel,
c'est qu'il est la patrie des deux espèces d'oiseaux de paradis
décrits par Linné.

« Le voyage n'est pas des plus faciles, dit M. Wallace. Les
navires indigènes de la Malaisie ne font le voyage d'Arou
qu'une fois par an. Ils quittent Macassar en décembre ou en
janvier, au commencement de la mousson de l'ouest, et re-
tournent chez eux en juillet ou en août, lorsque celle de l'est

1. Archipel dépendant du grand groupe de la Nouvelle-Guinée, situé entre cette
île et l'archipel des Moluques. Il comprend trois îles principales, Wokan, Maykor,
Kobror, séparées les unes des autres par d'étroits canaux et entourées de récifs et
d'îlots. Les habitants sont tous idolâtres. Les Hollandais n'ont jamais réussi à y
former d'établissements fixes; mais ils ont conclu avec les chefs indigènes des
traités qui leur garantissent le monopole des denrées que produit l'archipel.

est en pleine vigueur. Aussi les naturels de Célèbes regardent-ils une expédition aux îles Arou comme quelque chose de grandiose et de périlleux, plein d'imprévu et d'aventures étranges. Celui qui en revient est considéré comme une autorité, et ce « grand voyage » reste pour plusieurs l'ambition

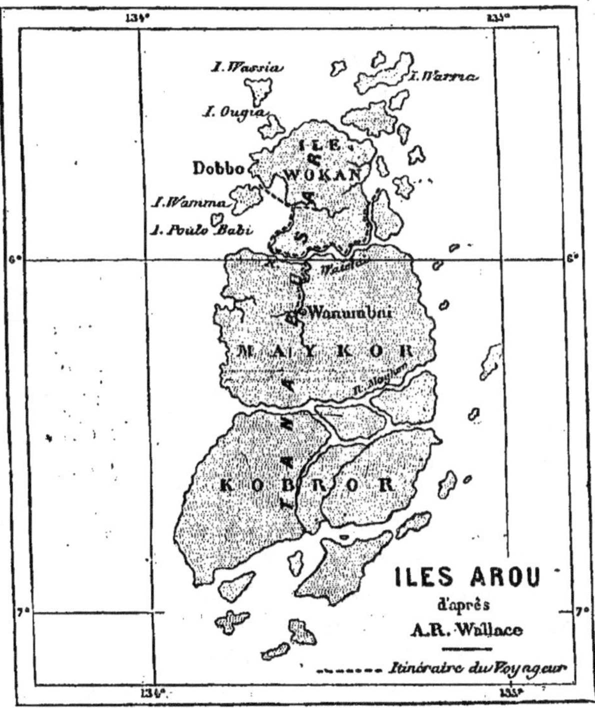

Gravé chez Erhard

irréalisable de leur vie. Moi-même je désirais plus que je n'espérais voir cet *Ultima Thule* [1] de l'Orient, et lorsque ce rêve prit consistance et qu'il fut en mon pouvoir de le réaliser moyennant 1600 kilomètres de traversée, dans une prao

1. *Extrême Thulé.* Ile ou terre, Thulé était le point le plus septentrional que connussent les anciens, probablement les îles Shetland, archipel de l'Atlantique situé au nord de l'Écosse et des Orcades.

bougis, et six ou sept mois de séjour au milieu de tribus féroces et de trafiquants sans foi ni loi, je me sentis la même fièvre que lorsque, encore écolier, il me fut enfin permis de monter sur l'impériale de la diligence pour aller à Londres — la grande ville si puissante d'attraits sur les jeunes imaginations!

« Des amis obligeants me présentèrent au propriétaire d'une grande prao qui allait mettre à la voile.

« C'était un navire de soixante-dix tonneaux, dont la forme rappelle celle d'une jonque chinoise. Le pont s'abaisse considérablement vers les épaules, qui sont ainsi la partie la moins élevée du bâtiment : les deux gouvernails, au lieu d'être fixés à l'arrière, sont suspendus sur les flancs à d'énormes madriers faisant saillie de 60 ou 90 centimètres, et où vient s'arrêter le tillac qui, au milieu du navire, déborde aussi de la même longueur. Ces gouvernails ne tournent point sur des gonds; ils sont attachés par des cordes de rotin dont le frottement les maintient dans la position où on les place et sans doute aussi facilite la manœuvre. Les barres ne sont pas sur le pont, mais pénètrent, à travers deux ouvertures carrées, dans une sorte d'entrepont d'un mètre de haut où s'ac croupissent les deux timoniers.

« A l'arrière, une petite chambre basse forme la cabine du maître de céans et se meuble de nattes, de malles et de coussins. Entre cette loge et le grand mât on avait installé sur le pont une hutte en feuillage dont le faîte ne s'élevait pas à plus de 1^m,20; j'en avais à moi seul tout un compartiment de 2 mètres de longueur sur 1^m,75 de large, et c'était bien le réduit le plus commode et le mieux agencé que j'aie jamais habité sur mer. Sur un côté s'ouvrait la porte, sorte de guichet en nervures de palmier; l'autre avait une fenêtre en miniature; le plancher d'éclisses de bambou, fermes, élastiques, était élevé de 15 centimètres au-dessus du pont, toujours sec par conséquent, et je le recouvris de ces fines nattes de canne pour lesquelles Macassar est renommée. Je rangeai

contre la cloison mon fusil dans sa gaine, les boîtes d'insectes, les livres, les habits; le matelas occupait le centre, et
près de la porte se trouvait ma cantine, une lampe et une petite provision de douceurs pour le voyage. Un revolver, un
couteau de chasse et une carabine formaient une élégante
panoplie suspendue à un coin du plafond. Je passai quatre
jours de mauvais temps à me prélasser dans mon gîte, bien
plus content que si je me fusse installé dans le salon doré et
banal d'un de nos paquebots de première classe.

« Notre bateau porte deux grands triangles mobiles pour
soutenir sa voilure. Supprimez les mâts dans un navire ordinaire et remplacez les haubans et les étais par de forts madriers, vous aurez une idée de l'arrangement d'une prao. Au-
dessus de ma cabine et reposant sur des traverses attachées
au triangle dont j'ai parlé, se trouve une vraie forêt de ver-
gues et d'espars presque tous en bambou. La grande vergue
a 33 mètres de long et est formée de pièces de bois et de bambou reliées très ingénieusement avec des câbles de rotin. Elle
porte une voile oblongue et dont le point d'attache n'est pas
au centre, de sorte que, lorsqu'on abaisse le petit bout sur le
pont, le grand s'enlève au loin dans les airs et supplée ainsi
au peu de hauteur du mât. La misaine est de même sorte,
mais plus petite : toutes deux sont en palmier; deux focs, et
à l'arrière deux petites voiles en toile de coton, complètent
notre équipement. »

Les trente mariniers, tous natifs de Macassar, étaient
pour la plupart ds jeunes gens à large face épanouie, à
taille courte et trapue. Leur costume de travail se composait d'un simple caleçon et d'un mouchoir roulé autour de
la tête; le soir, ils y ajoutaient une espèce de blouse de

1. Voici l'explication des termes de marine employés dans ce paragraphe :
hauban, cordage servant à assurer les mâts; *étai*, pièce de bois de soutien; *vergue*, pièce de bois léger qui porte la voile; *espar*, long mâtereau; *misaine*, mât
d'avant; *foc*, voile triangulaire qui se place entre le mât de *misaine* et le *beau-
pré*, mât incliné placé à l'avant.

PRAO DE MACASSAR.

coton. Quatre des plus âgés, les « djouroumondi » ou timoniers, s'accroupissaient deux par deux, six heures durant, dans leur niche, sorte d'entrepont d'un mètre de hauteur. Puis venaient une dizaine de Chinois ou Bougis, d'apparence respectable, que le maître avait coutume d'appeler « ses gens ». Il les traitait fort bien, les admettait à sa table et leur parlait avec la plus grande politesse ; cependant la plupart d'entre eux étaient des esclaves pour dettes, condamnés par les magistrats de police à le servir pour des gages purement nominaux, jusqu'à ce que leur travail eût liquidé la créance.

Notre voyageur était accompagné de trois domestiques, dont l'un, Ali, natif de Bornéo, le servait depuis un an.

Au départ, lorsque la prao eut dépassé les embarcations réunies dans le port, le vieux capitaine marmotta quelques prières, auxquelles l'assistance répondit par ses « Allah, il Allah ! »

Après avoir heureusement doublé l'île de Tamakaki (le bout du monde), située à l'extrémité sud de Célèbes, par un temps magnifique et une belle mer, la proa cingla aussi directement que possible vers le lointain archipel d'Arou.

On était parti le 18 décembre, et le 24, pour la première fois, on perdit la terre de vue, tellement est considérable le nombre d'îles dont ces parages sont parsemés. Le 30, en face l'île Téor, on aperçut de nombreux poissons volants. Ces poissons, plus petits que ceux de l'Atlantique, ont des mouvements incomparablement vifs et gracieux. En rasant les eaux, ils se penchent sur l'un ou l'autre côté, étalant leurs éclatantes nageoires, puis reprennent leur élan pendant une centaine de mètres pour redescendre et bondir de nouveau. De loin, on croirait voir des hirondelles ; pourtant ils ne volent pas, mais s'abaissent en ligne oblique de la hauteur gagnée à leur premier essor.

Le 31 décembre, les îles Ké se dessinèrent à l'horizon. M. Wallace y passa quelques jours, assez fructueux pour ses collections. Puis la proa reprit la mer; le 6 janvier, elle arrivait aux îles Arou, couvertes de forêts, et entrait dans le havre de Dobbo.

Dobbo, station commerciale des Bougis et des Chinois qui visitent annuellement l'archipel d'Arou, est située dans la petite île de Wamma, sur une flèche de sable projetée vers le nord et juste assez large pour contenir trois rangs de mai-

VILLAGE DE DOBBO.

sons. Il semble, au premier abord, qu'on n'aurait su plus mal choisir l'emplacement d'un village; mais ce lieu si désolé a bien ses privilèges. Une branche de l'anneau de corail qui longe les côtes permet aux navires de mouiller à l'abri, devant les deux rives de la péninsule; les brises de mer l'assainissent de trois côtés et la plage sablonneuse offre de grandes facilités pour tirer les praos à sec, afin de les garanti des tarets[1] et de les radouber pour le voyage de retour. Au sud, la angue de terre s'élargit pour se souder à l'île, et de hautes et verdoyantes futaies forment le second plan du paysage. Les maisons, de grandeurs diverses, sont tout simplement des hangars en feuilles de palmier : une petite chambre placée près de la porte sert de logis au négociant ; le reste, divisé par des cloisons latérales et transversales, forme un magasin où l'on entasse les marchandises étrangères ou les produits du pays.

« Établi à Dobbo depuis deux semaines, dit M. Wallace, je commence à être au fait des us et coutumes de l'endroit. Les praos se succèdent et la population s'accroît presque quotidiennement. Tous les deux ou trois jours on voit s'ouvrir une nouvelle case et commencer des réparations. Partout on croise des indigènes chargés de perches de bambous, de rotins, de feuilles de nopal, destinés à construire ou raccommoder portes, murs, volets, toitures ; les travaux avancent avec la plus grande rapidité.

« Quelques-uns des arrivants sont des Bougis ou des gens de Macassar, mais la plupart viennent de la petite île de Goram, à la pointe orientale de Céram, dont les naturels sont les commerçants en détail de ces régions lointaines. De l'autre côté d'Arou (« Blakangtana », arrière-pays), les indigènes apportent tout ce qu'ils ont pu ramasser pendant les six derniers mois, et en font la vente aux marchands, presque tous leurs créanciers.

« A l'exception de quelques Chinois, les trafiquants appartiennent à la race malaise et à divers mélanges dans lesquels elle est prédominante. Les naturels de l'île, Papous noirs ou brun de suie, ont la chevelure laineuse ou crépue, le nez proéminent, à large arête, les membres assez grêles. On en voit errer tout le jour, vêtus seulement d'un pagne, dans les rues encore à demi désertes de Dobbo, cherchant acheteur pour leur petit lot de produits du pays.

1. Genre de mollusques qui font des trous dans le bois des vaisseaux.

« Comme aux autres habitants du lieu, on vient me présenter des paquets de tripangs fumés, qui ont l'air de saucisses roulées dans la boue, puis frottées contre un tuyau de cheminée, des nageoires de requin séchées, des coquillages de nacre, des oiseaux de paradis, mais si traînés et en si mauvais état, que jusqu'à présent je n'en ai pas acheté un seul. Je donne à peine un coup d'œil à ces articles et n'en offre point de prix : les indigènes paraissent étonnés et, dans l'idée que je ne comprends pas, me les présentent de nouveau et demandent en retour les marchandises dont ils ont besoin. J'essaye alors, par l'intermédiaire du premier truchement venu, de leur faire savoir que ni les tripangs ni les mères perles n'ont de charme pour moi, que même les écailles de tortue me sont indifférentes ; n'importe quel comestible frais ferait bien mieux mon affaire.

« Les seules choses que nous puissions nous procurer avec quelque régularité, c'est le poisson et d'excellentes pétoncles [1] ; mais impossible de faire son approvisionnement quotidien à Dobbo, si l'on n'a pas en quantité suffisante des gâteaux de sagou, du tabac et des « doits », monnaie de cuivre hollandaise. Si l'on ne peut donner à l'indigène l'objet particulier qu'il réclame, il porte à la maison suivante le produit de sa pêche, ses tortues ou ses légumes, et vous laisse la liberté de jeûner jusqu'à la prochaine occasion.

« Chaque case est un magasin où les naturels vont faire leurs échanges. Couteaux, hachettes, sabres, fusils, tabac, gambier, assiettes, bols, mouchoirs, sarongs, arack, calicot, voilà les articles courants ; mais quelques boutiques ont aussi du thé, du sucre, du vin et des biscuits pour l'usage des trafiquants, et étalent des vases de porcelaine, des miroirs, des parapluies, des rasoirs, des pipes, des porte-monnaies, pour séduire les chefs indigènes. Les jours de soleil, on étend

1. Nom de plusieurs coquillages bivalves.

les nattes devant les portes et on y fait sécher le tripang, le
sel, le sucre, le thé, les biscuits, les étoffes et autres marchandises qu'endommagerait l'humidité excessive de l'atmosphère. Matin et soir, les Chinois aisés flânent par les rues
ou devisent sur les portes en culotte bleue, chemise blanche,
queue tressée avec de la soie rouge et tombant jusqu'aux talons.
Un vieux hadji (pèlerin de la Mecque) fait tous les soirs sa
promenade hygiénique dans toute la majesté de son ample
robe de soie verte et de son turban de satin; il est suivi de
deux petits garçons portant ses boîtes de sirih et de bétel.

« Je ne crois pas que, dans ce moment, il y ait à Dobbo
moins de cinq cents personnes de races différentes qui, en ce
coin reculé du monde, se rencontrent pour « soigner leur
fortune », comme on dit en Orient. La plupart d'entre elles
appartiennent à des peuples assez malfamés sous le rapport
de l'honnêteté et de la morale, Chinois, Bougis, Céraméens,
métis javanais, avec une teinture de Papous demi-sauvages
de Timor, Babber et autres îles; et pourtant tout marche ici
sans encombre.

« Cette population bigarrée, ignorante, sanguinaire, ha-
bituée à la fraude, vit à Dobbo sans gouvernement, sans police,
tribunaux ou avocats; pourtant on n'entend point parler de
meurtre ni de pillage, on ne voit nul symptôme de l'anarchie
à laquelle semblerait devoir conduire un semblable état de
choses. Cela vous fait trotter par la tête d'étranges pensées
au sujet des montagnes de règlements qui nous écrasent en
Europe, et suggère l'idée que nous sommes peut-être « gou-
vernés à l'excès. »

Pour faire une excursion dans l'intérieur de l'île, M. Wallace acheta un bateau et alla s'établir, au fond d'une petite
rivière, dans une case d'indigène fort misérable, mais où
d'après l'orang-kaya ou chef de Wamma, il devait être fort
bien placé pour se procurer des animaux de toute espèce.

Son premier soin fut d'envoyer chercher les gens qui font

leur métier de chasser les oiseaux de paradis. Ils demeuraient
à quelque distance dans la jungle, et quand ils furent arrivés,
M. Wallace causa avec eux par l'intermédiaire de l'orang-
kaya.

Ils garnissent leurs flèches d'un cône de bois de la dimension d'une tasse à thé, afin de tuer l'oiseau par la seule violence du coup, sans le blesser, sans endommager en rien
son plumage. Les arbres fréquentés par les paradisiers sont
souvent fort hauts; aussi les chasseurs se construisent-ils
parmi les branches un petit couvert de feuilles sous lequel,
avant l'aube, ils se cachent pour attendre qu'une de ces jolies
petites créatures passe à leur portée : ils ne la manquent
presque jamais. Je comptais beaucoup sur leur concours,
mais ils ne revinrent plus, la saison, paraît-il, étant encore
trop peu avancée pour que les paradisiers eussent revêtu leur
éblouissante parure.

Une pluie persistante empêchait M. Wallace de courir les
bois, lorsque, un soir, l'un de ses domestiques rentra avec
une merveilleuse capture.

« C'est, dit notre naturaliste, un oiseau un peu plus petit
u'un merle. La majeure partie de son corps est d'un vermil-
lon ardent au doux éclat de verre filé et passant, de teinte en
teinte, au jaune orangé sur les petites plumes courtes et ve-
loutées du cou et de la tête. Le blanc pur et soyeux du ventre
est séparé du rouge de la gorge par une bande de beau vert
métallique. Au-dessus de chaque œil se voit une tache ronde
de nuance émeraude; le bec jaune, les jambes et les pattes
d'un bleu magnifique, tranchent vigoureusement sur le reste
du corps.

« La richesse des couleurs et la texture du plumage eussent
suffi pour faire de ce petit être un diamant de la plus belle
eau; sur les côtés de la poitrine et ordinairement cachées
sous les ailes, se trouvent de petites touffes de plumes grises
longues de 5 centimètres et terminées chacune par une large

bande émeraude. Elles se dressent à la volonté de l'oiseau et se déploient en éventail quand il relève les ailes. Les deux pennes médianes de la queue, minces comme un fil de métal, ont 12 centimètres de longueur, et se croisent dès leur origine, pour diverger en courbes élégantes et sineuses ; à 1 centimètre 20 de leur extrémité, et sur le bord intérieur seulement, elles se garnissent de barbes d'un beau vert métallique, se roulent en spirale et forment une paire de boutons étincelants qui pendent à 12 centimètres du corps et ont entre eux la même distance. Ces ornements, uniques en leur genre, comme les éventails de la poitrine, ne se retrouvent dans aucune autre des huit mille espèces d'oiseaux connues sur le globe ; ils se combinent, dans celle-ci, avec l'exquise beauté du plumage, et la rendent une des plus charmantes choses que puisse offrir la nature à nos regards. Mes transports d'admiration égayent nos hôtes, qui ne la comprennent pas et ne voient dans leur « Burong raja » rien de plus que ce que nous voyons dans un de nos passereaux. Un des rêves de ma vie est donc accompli ! Je possède un de ces rois des paradisiers (*Paradisea regia*) que Linné avait décrits d'après des peaux mutilées par les indigènes. »

Après cette première conquête, M. Wallace accompagna son chasseur ; il eut la joie de s'en procurer un échantillon aussi admirable et d'étudier les mœurs de ces oiseaux.

Ils fréquentent les arbres les moins élevés des futaies peu épaisses et vivent de fruits à noyaux très durs de la grosseur des groseilles à maquereaux. Actifs et remuants, on entend sans cesse le froufrou de leurs ailes, qu'ils font souvent vibrer et frémir, élevant et déployant les beaux éventails dont leur poitrine est ornée. Les indigènes les nomment « gobégobé ».

La voix de ces oiseaux est fort extraordinaire ; de son lit, à la première aube, avant le lever du soleil, M. Wallace entendait résonner dans toutes les directions de continuels ouâk-ouâk-ouâk ! ouok-ouok-ouok ! C'est le langage du grand

CHASSE AUX OISEAUX DE PARADIS (PAGE 169).

paradisier en quête de son repas du matin. D'autres suivent bientôt son exemple, et les perruches jettent des cris perçants, les cacatois babillent, les martins-pêcheurs coassent ou aboient, les oiseaux plus petits gazouillent ou sifflent leur chant du matin.

Quand les anciens voyageurs européens arrivèrent aux Moluques en quête de la muscade et du girofle, alors rares et précieux, on leur présenta des peaux d'oiseaux si merveilleusement belles, que ces hommes, presque uniquement absorbés par la recherche de l'or, furent saisis d'admiration. Pour les trafiquants malais, c'était le « Manouk dewata » (oiseau de Dieu); les Portugais, qui ne leur voyaient ni ailes ni pieds et qui ne purent rien apprendre d'authentique sur leur compte, les nommèrent « passaro do sol » (oiseau du soleil), tandis que les érudits hollandais, qui écrivaient le latin, les baptisèrent *Avis paradiseus* (oiseau du paradis). L'un d'eux, Jean Van Linschoten, dit en 1598 « que personne ne peut contempler ces merveilleuses créatures pendant leur vie, car elles habitent les airs; que, n'ayant ni pieds ni ailes, elles ne se posent sur le sol que pour mourir. » Un siècle plus tard, W. Funnel, qui accompagna le navigateur Dampier (1699) et écrivit la relation du voyage, en vit des spécimens à Amboine; on lui raconta que les oiseaux émigraient à Banda pour manger des muscades, que ce fruit les enivrait et qu'ils tombaient sur le sol, où les fourmis les tuaient bientôt. Enfin, en 1760, alors que Linné nommait la plus grande des espèces *Paradisea apoda* (paradisier sans pieds), on n'en avait pas encore vu en Europe et personne ne possédait la moindre notion sur leur manière de vivre.

Aujourd'hui même, la plupart des livres d'histoire naturelle répètent que ces oiseaux émigrent tous les ans à Ternate, à Banda et à Amboine, où, à l'état sauvage, ils sont aussi complètement inconnus qu'en Europe. Dans l'archipel malais, ils sont compris sous la dénomination générale de

LE ROI DES OISEAUX DE PARADIS (PARADISEA REGIA).

« bourong maté » (oiseaux morts), preuve que les trafiquants de cette région ne les voient jamais vivants.

Les paradisiers sont des oiseaux de taille moyenne, alliés, par les mœurs et la conformation, aux corbeaux, aux étourneaux et aux philédons d'Australie ; leurs traits caractéristiques ont été indiqués plus haut. Sur dix-huit espèces dignes de composer cette famille splendide, onze se trouvent dans la grande île des Papous ; huit sont entièrement cantonnées dans la Nouvelle-Guinée et l'île Salwatty qui lui est contiguë. Mais si l'on considère comme faisant partie de la Papouasie toutes les terres qu'enclave autour d'elle une mer peu profonde, il s'ensuivra que quatorze espèces appartiennent exclusivement à cette région, trois au nord et à l'est de l'Australie, et une seulement aux Moluques. Les plus extraordinaires et les plus belles, sans contredit, sont particulières à la Nouvelle-Guinée.

« Il semble, dit M. Wallace, que la nature ait pris ses précautions pour cacher ses plus précieux trésors aux regards du vulgaire. La rive septentrionale de la Papouasie, exposée en plein à la houle du Pacifique, est extrêmement dangereuse et n'offre point de ports. Le pays, hérissé de rochers, est partout couvert d'épaisses forêts, dont les marécages, les précipices, les crêtes dentelées, forment une barrière presque infranchissable du côté de l'intérieur, et il est habité par des sauvages cruels restés au dernier degré de la barbarie. Et c'est dans cette contrée, c'est parmi ces tribus que se trouvent ces merveilles du règne animal, ces oiseaux de paradis, dont l'exquise beauté de forme et de couleur et le singulier plumage excitent l'admiration des esprits les plus cultivés et les plus intelligents, et fournissent des matériaux inépuisables à l'étude des naturalistes et aux spéculations du philosophe. »

Pendant une résidence de plusieurs mois à l'archipel d'Arou, à Waigiou et sur la côte de la grande île, M. Wallace ne

put se procurer que cinq espèces de paradisiers. Le séjour
de M. Allen, son aide-naturaliste, à Ngsol, ne lui en fournit
pas un de plus. Mais on leur parla à tous deux d'un lieu
nommé Sorong, sur le continent papou, où, assurait-on, ils
trouveraient celles qui leur manquaient.

Il fut décidé que M. Allen s'y rendrait pour tâcher de pénétrer dans l'intérieur et d'entrer en relation avec les naturels
qui chassent et dépouillent ces oiseaux. Il partit donc
dans la fameuse petite proa, et, par l'entremise du résident
hollandais de Ternate, le sultan de Tidore voulut bien lui
donner une escorte de deux soldats et d'un lieutenant, qui
devaient l'aider à trouver des hommes pour visiter l'intérieur.

Malgré ces précautions, M. Allen éprouva toutes sortes d'ennuis, qui jusque-là avaient été épargnés aux voyageurs : les oiseaux de paradis sont le monopole des chefs des villages du lit-
toral, qui les obtiennent à vil prix des montagnards, pour les
vendre aux trafiquants bougis ; une partie est réservée pour
le tribut annuel qu'exige le sultan de Tidore. Aussi voient-ils
d'un œil jaloux un étranger, bien plus un Européen, parlant
d'aller lui-même faire ses achats dans l'intérieur. Ils crai-
gnent que, le prix s'élevant sur les lieux de production, les
sauvages ne prennent plus la peine de les porter sur les
côtes : les espèces rares seraient demandées et le sultan
augmenterait sans doute l'impôt ; enfin, ils ont une vague
appréhension (des plus naturelles, avouons-le) du motif qui
peut pousser un homme blanc à venir à grands frais dans ce
lointain pays. Jamais ils ne croiront que ce soit seulement
pour se procurer des oiseaux de paradis dont l'espèce jaune,
la seule qu'ils estiment, se trouve dans toutes les boutiques
des trafiquants de Ternate, de Macassar et de Tidore.

Aussi, quand M. Allen arriva à Sorong et expliqua ses
intentions d'aller de sa personne dans l'intérieur, innombrables furent les objections mises en avant par les chefs. Il

fallait marcher quatre jours au milieu des marais et des montagnes; les habitants de ces régions étaient des cannibales qui mettraient tous les explorateurs à mort; bref, personne ne voulut accompagner le voyageur.

Après quelques jours perdus en contestations, M. Allen exhiba le firman du sultan de Tidore portant qu'il pouvait aller où bon lui plaisait et requérir aide et secours. On n'osa donc lui refuser un bateau pour remonter la rivière, mais, en même temps, les chefs firent sous main avertir les tribus qui se trouvaient sur la route de ne pas lui vendre de vivres, afin de le forcer au retour. Au village où il devait débarquer pour pénétrer dans les montagnes, les gens de la côte s'en retournèrent, le laissant se dépêtrer à sa guise.

Le lieutenant de Tidore crut pouvoir intervenir pour lui procurer des guides et des porteurs, mais une querelle s'éleva, et les naturels, refusant d'obéir aux injonctions de l'officier, prirent leurs couteaux et leurs lances pour attaquer la petite troupe. M. Allen dut protéger son escorte; le respect qui s'attache encore à l'homme blanc et la distribution opportune de quelques cadeaux arrêtèrent l'effervescence; la vue des couteaux, des cognées et des verroteries qu'il offrait pour payer leurs services acheva de les calmer, et le lendemain, en traversant une contrée abominablement difficile, il arriva au premier village des montagnes.

M. Allen y passa un mois sans pouvoir se faire comprendre autrement que par des signes et des cadeaux. L'un ou l'autre des chasseurs de l'endroit l'accompagnait tous les jours à la forêt avec ses flèches et recevait un petit présent quand il ne manquait pas son coup. Malheureusement, en fait de paradisiers, on ne connaissait dans les environs que le *Seleucides alba*, dont M. Allen s'était déjà procuré un spécimen à Salwaty.

Quelques jours après le retour de M. Allen, M. Wallace fit une nouvelle et très précieuse conquête : un cacatois noir, le premier qu'il voyait.

Cet oiseau a le corps petit et faible, les jambes longues et minces, les ailes grandes, la tête fort grosse, ornée d'aigrettes retombant en arrière, et armée d'un bec recourbé et

CACATOIS NOIR (MICROGLOSSUM ATERRIMUM).

pointu, de taille et de force relativement énormes, le plumage entièrement noir. Les joues sont nues et d'un rouge éclatant très intense. Au lieu de pousser l'aigre cri de ses congénères blancs, il fait entendre une sorte de sifflement plaintif.

La langue, fort singulière, est un cylindre grêle et charnu, rouge très foncé, terminé par une plaque noire et cornée, sillonnée en travers et quelque peu préhensible.

Il fréquente les parties basses de la forêt, où on le voit solitaire, rarement avec un ou deux compagnons tout au plus; il vole lentement et sans bruit; une blessure fort légère suffit pour le tuer. Il se nourrit de fruits et de graines, surtout de l'amande du noyer des Canaries (*Kanarium commune*), un des arbres les plus élevés de la forêt, très commun dans les îles qu'habite le cacatois noir. La coque, si dure qu'on ne peut la casser qu'avec un très lourd marteau, est un peu triangulaire et très lisse à la surface; la manière dont l'oiseau parvient à l'ouvrir est tout à fait curieuse : il la prend dans son bec, par un bout, et, la maintenant par la pression de sa langue, il y pratique une coupure transversale par les mouvements latéraux de sa mandibule inférieure, tranchante comme une lame affilée. Ce travail fini, il saisit la noix d'une patte et, happant un morceau de feuille quelconque qu'il retient dans la profonde échancrure de sa mâchoire supérieure, il reprend avec son bec la noix que le tissu élastique de la feuille empêche de glisser; puis, fixant dans l'entaille qu'il a précédemment pratiquée le bord de la mâchoire inférieure, il projette celle-ci en haut et, par un mouvement subit et violent, fait sauter un morceau de la coque. Il saisit de nouveau le fruit entre ses griffes, insère dans le trou la très longue pointe de son bec et en retire enfin l'amande que sa langue, excessivement distendue, vient chercher miette par miette.

Ainsi s'utilise chaque partie de ce bec extraordinaire; cette corrélation étonnante des habitudes et de la structure de l'oiseau fait comprendre que les cacatois noirs ont pu se maintenir, dans la « bataille de la vie », avec leurs congé-

nères blancs, autrement actifs et vigoureux, par cette facilité
de se nourrir d'une graine que nul autre oiseau ne saurait
extraire de son enveloppe ligneuse.

M. Wallace profita du séjour assez long qu'il fit dans le
petit établissement de Dobbo pour étudier les indigènes chez
eux et vivant de leur vie ordinaire. Ce qu'il en rapporte n'est
guère à leur avantage.

« Les indigènes d'Arou, dit-il, n'ont point de provisions
régulières de blé, riz, manioc, maïs, sagou, base quotidienne
de l'alimentation de la plus grande partie des populations
du globe. Ils cultivent cependant plusieurs espèces de légumes, du plantin, des ignames, des patates douces, des
sagoutins, et mâchent d'énormes quantités de canne à sucre,
de noix de bétel, de gambir et de tabac. Ceux qui vivent sur
les côtes ne manquent point de poisson; mais dans l'intérieur, ici par exemple, ils ne vont à la mer que de loin en
loin, pour en ramener des bateaux de pétoncles et autres
mollusques. De temps en temps ils tuent quelque kangourou, quelque cochon sauvage; mais la viande ne forme
pas une partie régulière de leur régime, essentiellement
composé de végétaux verts, aqueux, mal cuits et en quantité souvent insuffisante. Aussi sont-ils généralement affectés
de maladies de peau et d'ulcères aux jambes et aux articulations.

« Je ne crois pas qu'on doive chercher d'autre origine au
scorbut, si fréquent parmi les sauvages. Les Malais, qui ne
se passeraient pas un seul jour de leur riz bouilli, n'en sont
que très rarement atteints; les Dayaks, montagnards de
Bornéo, qui cultivent cette graminée et se nourrissent bien,
ont la peau saine et lisse, tandis que les tribus paresseuses
et malpropres, qui ne vivent que de fruits et de légumes
verts, sont très sujettes à toutes ces maladies. Sous ce rapport comme sous tant d'autres, l'homme ne peut impuné-
ment vivre à la façon des animaux, et, sans souci du lende-

main, se repaître des herbes et des fruits de la terre. Il faut que ses labeurs lui procurent des substances féculentes qu'il puisse emmaganiser et accumuler pour les besoins de toute l'année. Cette fondation bien posée, les légumes, les fruits, la viande auront leur tour.

« Après le bétel et le tabac, la principale jouissance des habitants d'Arou est l'arack (rhum de Java), que les trafiquants introduisent en grande quantité et vendent à très bas prix. Le produit d'une seule pêche ou d'une journée employée à couper du rotin dans la forêt permet aux indigènes d'acheter une bouteille de trois litres au moins ; ils échangent le tripang ou les nids de salangane recueillis pendant la saison contre des caisses de quinze flacons, autour desquelles on s'assied en rond, jour et nuit, jusqu'à ce qu'il ne reste plus une goutte de liquide. Ils racontent eux-mêmes qu'après de telles orgies ils mettent souvent la case en pièces, brisentet détruisent tout ce qui leur tombe sous la main, et font un tapage infernal, hideux à entendre et à voir.

Les huttes et leur contenu vont de pair avec la nourriture. Un grossier appentis soutenu par de minces bâtons qu'on ne prend même pas la peine de dépouiller de leur écorce ; pas de mur, un plancher élevé jusqu'à 30 centimètres seulement du bord inférieur de la toiture, voilà le style généralement adopté. A l'intérieur, des cloisons de feuilles forment de petits compartiments où se casent les deux ou trois familles qui vivent ensemble. Quelques nattes, des paniers et des marmites, des assiettes et des bols, achetés aux trafiquants de Macassar, constituent le mobilier ; pour armes, des arcs et des piques.

« Les femmes, dit Wallace, portent un pagne d'écorce et les hommes une ceinture. Ceux-ci, pendant des heures, que disje, desjournées entières, restent assis sur des nattes, servis par leurs épouses, et mangent les légumes ou le sagou brut dont ils se contentent pour leur nourriture. De temps à autre ils

vont à la chasse ou à la pêche, réparent leur maison ou leurs
canots; mais le travail est pour eux une punition, la paresse
et le babil sont le seul bonheur de leur monotone existence,
et ce bonheur ils se le prodiguent! Tous les soirs notre case
est une vraie tour de Babel; mais comme je ne comprends
pas un mot de ces bavardages, je poursuis ma lecture ou
ma besogne sans plus m'en occuper. Les cris, les rires frénétiques se mêlent au bruit des voix.

« Au milieu de cette population, comme presque chez toutes
les races sauvages que j'ai vues de près, je suis surtout frappé
de la beauté des hommes — beauté dont on ne peut se faire
l'idée dans nos pays. Que sont les plus parfaites statues grec-
ques auprès des êtres vivants, agissants, qui tous les jours
passent devant mes yeux? Comment décrire la grâce libre et
fière d'un sauvage, dont les membres n'ont jamais subi les
entraves des vêtements et qui vaque à ses occupations ou s'é-
tend nonchalamment sur le sol? Un jeune chasseur d'Arou
bandant son arc est pour moi le type de la beauté virile dans
toute sa perfection.

« Les femmes, si ce n'est dans l'extrême jeunesse, sont beaucoup moins agréables à contempler. Leurs traits sont trop
accusés, et le dur labeur, les privations, et surtout les ma-
riages trop prématurés, détruisent rapidement les grâces de
leur enfance. Leur toilette est des plus simples et, j'ai le regret de le dire, grossière et dégoûtante de malpropreté. C'est
tout uniment un pagne en fibres de feuilles de palmier, serré
sur les hanches et tombant jusqu'aux genoux. Elles ne le la-
vent jamais et ne l'abandonnent que lorsqu'il est en loques.
Très peu d'entre elles ont adopté le sarong ou jupe malaise.
Leur chevelure crépue est retroussée en paquet derrière la
tête. Elles aiment fort à la peigner ou plutôt à la ratisser
avec une grande fourchette de bois à quatre dents écartées,
qui du reste remplit infiniment mieux que n'importe quel
démêloir l'office de séparer ces longues touffes enchevêtrées.

Les quelques ornements qu'elles possèdent sont arrangés avec un goût parfait : souvent elles fixent sur leurs anneaux d'oreilles leur long collier dont les extrémités se rejoignent autour du nœud de leur chevelure ; les perles encadrent gracieusement l'ovale du visage, et je me permets de recommander ce style de parure à celles de mes lectrices qui ont conservé l'usage barbare de se percer les oreilles. D'autres fois, les belles Papoues propriétaires de deux colliers semblables en passent un sous chaque bras et lui font contourner le côté opposé du cou ; ils se croisent en sautoir derrière le dos et sur la poitrine, où les perles blanches et l'ivoire des dents de kangourou contrastent vivement avec la peau noire et luisante de ces dames. Leurs boucles d'oreilles sont de minces barreaux d'argent ou de cuivre dont les bouts sont tordus et croisés l'un sur l'autre.

« Comme presque toujours chez les peuples primitifs, les hommes ne regardent pas la parure comme l'apanage exclusif de leurs compagnes ; ils se couvrent de colliers, de pendeloques, de bagues ; leur ornement le plus prisé est une bande d'herbe tressée qu'ils portent à la naissance du bras et à laquelle ils attachent des touffes de fourrures ou des plumes aux couleurs éclatantes. Les dents des petits animaux, seules ou alternées avec des perles de verre noir ou blanc, leur servent de colliers et parfois de bracelets ; mais ils préfèrent pour ce dernier usage des fils de laiton ou les piquants noirs et cornés des ailes de casoar, qu'ils regardent comme des amulettes. Des anneaux de cheville, en cuivre ou en coquillages, et des jarretières tressées au-dessus du genou, complètent leur tenue ordinaire. »

CHAPITRE IX

Si l'on considère l'Australie comme un continent, la nouvelle-Guinée[1] est peut-être la plus grande île du monde ; sa longueur est de 2245 kilomètres et sa plus grande largeur de 640. Elle paraît partout couverte de forêts plantureuses.

Le port de Dorey, où débarqua M. Wallace, est situé dans une jolie baie à l'extrémité de laquelle s'avance un promontoire élevé qui, avec deux ou trois petits îlots, assure aux navires un mouillage bien abrité. Notre voyageur se choisit au village de Dorey l'emplacement d'une case et fit marché avec les chefs indigènes, qui envoyèrent immédiatement couper le bois, le rotin et le bambou nécessaires à la construction de cette demeure temporaire.

Dans les villages de Dorey et de Mansinam, les maisons sont bâties au-dessus de l'eau et l'on n'y arrive que par de longues passerelles grossièrement agencées. Les cases sont fort basses ; le toit a la forme d'un grand bateau tourné la quille en l'air. Les pilotis qui soutiennent les maisons, les ponts et les plates-formes ne sont que de minces perches tortues, placées sans ordre et ayant toujours l'air à moitié dé-

---

1. La *Nouvelle-Guinée*, dite aussi *Papouasie et terre des Papous*, est située par 0° 9' — 10° de latitude sud et 128 — 140° de longitude est, au nord de l'Australie, dont elle est séparée par le détroit de Torrès. L'intérieur en est inconnu. On en attribue la découverte au Portugais Antonio Abreu (1511). Les Hollandais la comprennent dans leur gouvernement des Moluques, mais ne la possèdent que nominalement.

traquées. Les planchers sont formés de bâtons semblables, si mal disposés et si éloignés l'un de l'autre, qu'il est presque impossible d'y marcher. En guise de murs, il y a des débris de planches de vieux bateaux, de nattes pourries, de feuilles de palmier, arrangés au hasard et ayant l'apparence la plus misérable et la plus délabrée qui se puisse voir. A l'extrémité des toits pendent des crânes humains, trophées des batail-

VUE INTÉRIEURE DE DOREY.

les contre les Arfaks de l'intérieur, qui viennent souvent attaquer le village.

La maison du conseil, en forme de canot, est soutenue par des pieux un peu plus épais, taillés grossièrement, de manière à représenter un homme et une femme ; des sculptures très inconvenantes sont placées sur la plate-forme qui précède l'entrée.

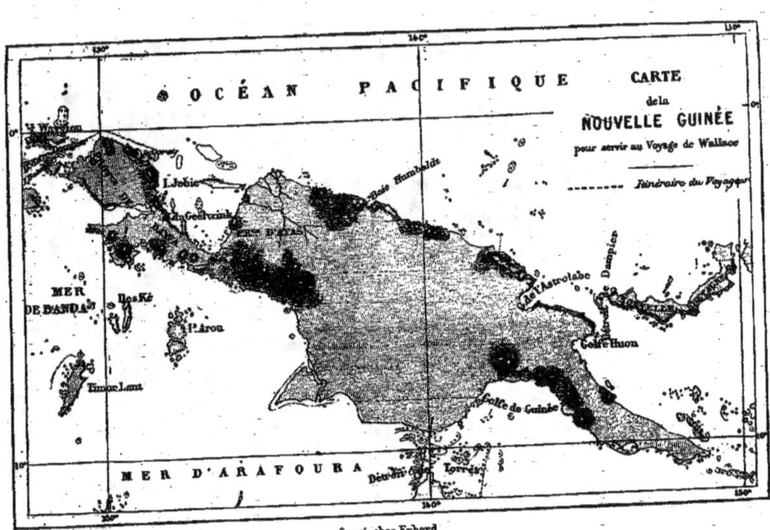

OCÉAN   PACIFIQUE
CARTE
de la
NOUVELLE GUINÉE
pour servir au Voyage de Wallace
Itinéraire du Voyage
Baie Humboldt
Baie de l'Astrolabe
Dampier
Golfe Huon
Golfe de Guinée
I. Waigiou
I. Jobie
B. Geelvink
MER
DE BANDA
Iles Ké
I. Arou
Timor Laut
MER D'ARAFOURA
Détroit de Torrès
Gravé chez Erhard.

Les habitants de ces pauvres cases se rapprochent beaucoup des insulaires d'Arou; quelques-uns sont vraiment très beaux, grands et bien faits, à traits accentués, à longs nez aquilins. Leur peau est brun foncé, souvent presque noire; les triomphantes coiffures paraissent plus communes qu'ailleurs et sont regardées comme une beauté de premier ordre : une grande fourchette de bambou à six dents y est d'ordinaire ensevelie, pour remplir l'office de démêloir, et, dans les moments de loisir, chacun s'en sert assidument pour empêcher ces masses roulées de former un fouillis inextricable.

M. Wallace consacra les trois premiers jours de son arrivée à faire construire sa case par ses gens, aidés d'une douzaine de Papous. L'emplacement choisi était un petit monticule à 200 mètres de la plage et à côté du principal sentier conduisant aux terrains défrichés. A 20 mètres de là coulait un petit ruisseau fournissant de l'eau excellente. On coupa les taillis à la ronde, afin d'obtenir l'air et le jour nécessaires; quelques beaux grands arbres de la forêt laissaient tomber un peu d'ombre sur la case. Celle-ci, longue de 6 mètres sur 4^m,50 de large, était en madriers, le plancher en bambou, la porte en clayonnage; de très grandes nattes de palmiers formaient les parois; une large fenêtre s'ouvrait sur la mer. C'est de cette fenêtre que M. Wallace vit partir un petit navire portugais qui se trouvait dans le port lors de son arrivée; pour le moment, il se trouva le seul Européen établi dans la vaste terre des Papous.

N'ayant tout d'abord pour ses voisins qu'une confiance limitée, lui et ses serviteurs faisaient le guet tour à tour et gardaient leurs fusils chargés. Au bout de quelque temps, ces précautions furent abandonnées, grâce aux allures amicales des indigènes, qui d'ailleurs n'auraient pas probablement eu la hardiesse d'attaquer cinq hommes bien armés. On travailla encore un ou deux jours à perfectionner l'habitation, à boucher les trous, à placer des étagères pour les échantillons d'histoire naturelle, à faire une route jusqu'au ruisseau, à battre le sol devant la case.

Dès que son installation fut achevée, M. Wallace alla visiter le village situé de l'autre côté de la colline qui domine Dorey, emportant une petite provision d'étoffes, de couteaux et de perles de verre, afin de se concilier les faveurs du chef,

INDIGÈNE DE DOREY.

dont il voulait obtenir quelques hommes habitués à la chasse des oiseaux.

« Les cases, dit M. Wallace, sont éparpillées parmi des clairières grossièrement cultivées. Les deux que je visitai ont un corridor central, sur lequel s'ouvrent de petits couloirs conduisant à deux chambres, dont chacune est la demeure d'une famille. Elles sont élevées de 5 mètres au moins au-dessus du sol, sur une vraie forêt de pieux, mais si délabrées et faites avec si peu de soin, qu'un enfant passerait entre les intervalles de la claire-voie du plancher. Ses habitants me parurent plus laids que ceux de Dorey; probablement les vrais aborigènes de cette partie de la Nouvelle-Guinée, ils vivent de leurs récoltes et du produit de leurs chasses, tandis que sur le rivage les naturels pêchent et trafiquent quelque peu, et ont plutôt l'air de colons venus d'un autre district. Ces montagnards ou « Arfaks » diffèrent beaucoup entre eux : ils sont généralement noirs, mais on en voit de bruns comme les Malais. Leurs cheveux, quoique toujours plus ou moins frisés, sont quelquefois courts, en mèches, et non laineux et ébouriffés; je crois que c'est une dissemblance constitutionnelle plutôt que l'effet des soins et de la culture. Ils sont pour la plupart affligés de maladies scorbutiques.

« Le vieux chef parut très content de mon cadeau et me promit, par le canal d'un interprète que j'avais amené, de protéger mes hommes quand ils iraient chasser dans les environs, et de me procurer des oiseaux et des animaux. Pendant la conversation, l'assistance fumait le tabac du cru, dans des pipes taillées en plein bois et munies d'un long manche vertical. »

On se trouvait à la fin de la saison des pluies, au moment où toute la contrée est imprégnée d'humidité. Les indigènes négligent tellement leurs sentiers, que ceux-ci ressemblent à des tunnels de branchages entrelacés recouvrant une mare fangeuse. Le Papou, qui n'a point de vêtements à mouiller, les traverse avec insouciance, quitte à se plonger dans le plus prochain ruisseau; mais pour un Européen portant bottes et pantalon, il était souverainement désagréable d'enfoncer tous les matins dans la boue jusqu'aux genoux.

Dans l'intérêt de ses collections, M. Wallace acceptait avec résignation cette pénible existence. Malheureusement, ses chasses étaient loin d'être fructueuses : les insectes et les oiseaux n'abondaient guère. Parmi ces derniers, c'est à peine s'il en découvrit de nouveaux; on ne trouvait dans cette région d'autre paradisier que l'espèce la plus com-

mune. Les insectes, en moyenne, sont moins beaux que ceux
d'Amboine, les papillons très rares et, pour la plupart, les
mêmes déjà récoltés à Arou. M. Wallace dut bien en venir
à s'avouer que Dorey n'est pas terre promise pour un naturaliste.

Il y rencontra cependant deux insectes curieux et nouveaux.

Le premier est un groupe de mouches à cornes, dont il
trouva quatre espèces différentes sur le bois pourri ou les
arbres abattus.

MOUCHES CORNUES.
Elaphomia cervicornis.   Elaphomia wallacei.
Elaphomia brevicornis.   Elaphomia alcicornis.

Ces remarquables diptères[1], décrits par M. W. W. Jaunders
sous le nom d'*Elaphomia* ou mouches à cornes de daim, ont
à peu près 1 centimètre 1/2 de longueur et de très grandes
pattes, qu'ils rapprochent de manière à guinder leur corps
assez grêle fort au-dessus de la surface sur laquelle ils sont
posés. Leurs jambes antérieures sont beaucoup plus courtes
et souvent dirigées en avant comme des antennes; les cornes
sortent de dessous l'œil et semblent être une prolongation
de la partie antérieure de l'orbite. Dans l'espèce la plus

1. Insectes à deux ailes.

grande et la plus singulière, *Elaphomia cervicornis*, elles sont presque aussi longues que le corps, ayant deux branches avec deux petites pointes mousses près de leur bifurcation, et qui rappellent en miniature les andouillers du cerf; elles sont noires, à bouts pâles; le corps et les pattes sont brun jaunâtre, et (pendant la vie) les yeux violets et verts. L'*Elaphomia wallacei*, brun foncé, moucheté de jaune, a des cornes réduites au tiers de sa longueur, larges, aplaties et formant un triangle allongé; elles sont d'un rose magnifique liséré de noir, avec une raie médiane plus claire; le devant de la tête est rose aussi et les yeux sont violet-pourpré avec une bande verte au milieu : toutes couleurs qui donnent à l'insecte une physionomie élégante et très singulière. La troisième, *Elaphomia alcicornis* (à cornes d'élan), un peu plus petite que les précédentes, ressemble, pour la nuance, à l'*Elaphomia wallacei;* les cornes, très remarquables, forment une espèce de lame plate fortement dentée sur son pourtour extérieur, et ayant tout à fait l'air d'une réduction minuscule du bois de l'élan; elles sont jaunâtres, bordées de brun; les trois dents supérieures ont la pointe noire. La quatrième espèce, *Elaphomia brevicornis*, diffère notablement des autres; son corps, plus gros, est presque noir, avec un anneau blanc à la base de l'abdomen; les ailes ont des raies foncées; la tête, comprimée et dilatée latéralement, porte de très petites cornes plates, noires, avec une bande pâle au milieu, et qui ont l'air des rudiments de celles des trois autres espèces. Toutes les femelles sont privées de cet appendice.

La gravure ci-dessus représente ces quatre mouches dans leur grandeur naturelle et leurs attitudes caractéristiques.

Le second insecte est la grande sauterelle à bouclier (*Megalodon ensifer*[1]).

---

1. *Ensifer* veut dire *porte-glaive*. Pourquoi M. Wallace nomme-t-il cet insecte *sauterelle à bouclier?*

Cet animal a le corselet recouvert d'une large plaque
cornée et triangulaire, longue de près de 8 centimètres, aux
bords dentés en scie, à la surface un peu ondulée et traversée
par une ligne médiane à peine indiquée : on dirait une
feuille. Les ailes qui, étendues, ont plus de 20 centimètres
d'envergure, sont luisantes et d'une belle couleur verte,
admirablement veinées, de manière à imiter exactement
quelqu'une des grandes feuilles des plantes tropicales. Le
corps est ramassé, terminé, chez la femelle, par une longue

LA GRANDE SAUTERELLE A BOUCLIER (MEGALODON ENSIFER).

tarière recourbée ressemblant à un glaive ; les jambes sont
grandes et hérissées de forts aiguillons. Ces insectes sont
lents dans leurs mouvements ; mais avec leur bouclier corné,
leurs ailes imitant les feuilles, leurs pattes épineuses, ils
n'ont guère d'ennemis à craindre.

Pour augmenter sa collection, M. Wallace ne pouvait guère
compter sur les indigènes. A peine si ces pauvres gens tuent,
de temps à autre, un oiseau, un cochon, un kangourou ou
même le lent et paresseux phalanger. Quoique les kangourous

habitent la forêt, les chasseurs du naturaliste, qui la parcouraient journellement, n'en rapportèrent aucun. Les cacatois, les loris, les perruches, sont les seuls oiseaux qu'on
rencontre fréquemment dans le pays. Les pigeons même y
sont rares et peu variés. Un autre oiseau indigène que
M. Wallace chercha longtemps sans parvenir à le rencontrer,
c'est une espèce de roi des paradisiers qui a la queue et les
charmants éventails de l'espèce commune, mais tout le reste
du plumage d'un beau noir lacté.

Sur ces entrefaites, un navire hollandais revint d'une
expédition à la baie de Humboldt, située sur la côte orientale
de la Nouvelle-Guinée. Le capitaine de ce navire donna à
notre voyageur quelques renseignements sur cette baie,
beaucoup plus belle, disait-il, que la baie de Dorey.

Le port est meilleur. Les naturels, que n'ont pas encore
corrompus leurs rapports avec les trafiquants malais, et qui,
en fait d'étrangers, ont vu quelques rares baleiniers, sont
supérieurs, physiquement et moralement, aux habitants de
la côte de Dorey. Ils vont entièrement nus. Leurs cases,
bâties sur l'eau ou sur le sol, sont propres et solides, leurs
champs bien cultivés, et les sentiers, bien entretenus, ne
rappellent que par contraste les fondrières de Dorey.

Les premiers jours, les indigènes se défiaient des arrivants,
et lorsque le navire envoya ses canots, ils les accueillirent avec
des démonstrations hostiles, bandant leurs arcs et faisant
signe qu'ils tireraient si les étrangers essayaient de débarquer. Le capitaine eut le bon sens d'ordonner la retraite;
mais il déposa quelques présents sur le rivage, et après deux
ou trois tentatives semblables, on leur permit d'aborder, de
parcourir le pays et d'acheter des fruits et des légumes. Un
homme de Dorey, qu'on avait emmené comme interprète,
ne put comprendre un mot de leur langage; la pantomime
dut remplacer toutes les conversations. Au reste, les Hollandais ne rapportèrent ni oiseaux, ni quadrupèdes nouveaux;

PIROGUES DE LA BAIE DE HUMBOLDT.

mais les panaches qu'ils virent aux indigènes indiquent que les paradisiers se rencontrent dans ces régions, comme probablement dans toute la Nouvelle-Guinée.

« Il est curieux d'observer, dit M. Wallace, que l'amour de l'art peut coexister avec un état de civilisation très inférieur : les indigènes de Dorey sont vraiment sculpteurs et peintres. On ne trouverait pas à l'extérieur de leurs cases une seule planche qui ne soit couverte de figures grossières, mais caractéristiques. Les proues hautes et effilées de leurs pirogues forment un ensemble de découpures fines et légères comme du filigrane, taillées en plein bois et d'un dessin souvent admirable. Elles se terminent presque toujours par une statue dont la tête est hérissée de plumes de casoar qui imitent la chevelure ébouriffée des Papous. Les flotteurs de leurs lignes, les battoirs de bois avec lesquels ils pétrissent l'argile de leurs poteries, leurs boîtes à tabac et autres articles de ménage, sont sculptés avec goût et ornés d'arabesques élégantes.

« Si l'on ne savait que la sauvagerie la plus primitive n'exclut pas l'adresse des mains, on ne pourrait croire que ceux mêmes qui font ces jolis travaux sont entièrement dénués du sens de l'ordre, du bien-être et du plus simple décorum. Ils vivent dans des taudis misérables, disloqués, malpropres au possible ; ils n'ont pas un banc, pas un escabeau, pas une étagère ; les brosses leur sont inconnues, et en fait de vêtements et de couvertures ils n'ont que de l'écorce, des chiffons dégoûtants ou de la serpillière. Ils ne songent point à couper les pousses d'arbres ni les ronces traînant sur les sentiers qui conduisent à leurs cultures, de sorte qu'il faut s'ouvrir une route à travers une végétation touffue, se glisser sous les souches mortes et les lianes épineuses, plonger dans les mares de boue qui ne sèchent jamais, parce que jamais elles ne voient le soleil. Ils ne se nourrissent que de racines et de légumes : le poisson et le gibier sont pour eux un luxe des

plus rares; aussi sont-ils sujets aux diverses maladies de
peau, et leurs enfants, misérables objets de pitié, ont le corps
marbré d'éruptions et de plaies.

« Et cependant ils ont un amour décidé
pour les arts et emploient leurs loisirs à
exécuter des ouvrages dont l'élégance et le
bon goût seraient admirés dans nos écoles
de dessin. »

Pendant la dernière partie de son séjour
à la Nouvelle-Guinée, M. Wallace explora
tous les environs de sa case, se livrant
avec acharnement à la chasse aux insectes.
En somme, durant trois mois, il récolta
un millier d'espèces, dans un espace dé-
passant à peine un kilomètre carré; il estime
ce nombre à la moitié à peu près de celles
qui habitent la localité et au quart de celles
que l'on pourrait trouver dans une aire de
30 kilomètres en tous sens.

Le moment du départ approchait, et c'est
sans regret qu'il allait faire ses adieux à
Dorey; dans aucune de ses résidences, il
n'avait enduré tant d'ennuis et de privations. Ce voyage, si longtemps désiré,
n'avait réalisé aucune de ses espérances; il
n'avait pas entrevu un seul des paradisiers
rares qu'il comptait recueillir; en fait d'oiseaux et d'insectes, il n'emportait rien
d'exceptionnellement beau. Son ardeur de
naturaliste s'était refroidie, non seulement
par suite de ces désillusions, mais par des luttes continuelles
contre les maladies, l'insuffisance de nourriture, et bien plus,
contre les fourmis et les mouches.

« Une petite fourmi noire surtout, dit-il, pullule d'une

SCULPTURES DES PAPOUS : INSTRUMENT SCULPTÉ POUR LA POTERIE.

façon désastreuse. Presque tous les arbres et les arbustes en sont infestés, et ses nids papyracés (c'est-à-dire minces et secs comme du papier) se rencontrent partout. Elles s'emparèrent de ma maison en quelques heures, se construisirent sous le toit une vaste fourmilière et de larges tunnels de papier sur tous les poteaux ; elles envahissaient ma table tandis que j'arrangeais mes insectes, les emportant à ma barbe et les arrachant même des petites cartes sur lesquelles je les gommais,

TOMBEAU D'UN CHEF DE LA NOUVELLE-GUINÉE.

si j'avais le malheur d'abandonner un instant mon ouvrage.

« Elles grimpaient sur mes mains et ma figure, se faufilaient sous mes cheveux, parcouraient toute la surface de mon corps, sans me faire grand mal tant qu'elles ne rencontraient pas d'obstacle ; mais alors elles mordaient au vif ; je sautais sur mes pieds et courais me déshabiller pour me débarrasser de l'ennemi.

« La nuit ne me délivrait point de leurs persécutions ; elles me suivaient dans mon lit, et je ne crois pas que, pendant mes trois mois et demi de résidence à Dorey, j'aie passé une heure entière sans en être tourmenté. Elles ne sont pas de beaucoup aussi voraces que la plupart de leurs congénères; mais leur nombre et leur ubiquité m'obligeaient à être toujours sur mes gardes.

« Les grosses mouches bleues ne m'importunaient pas moins : elles venaient se poser par essaims sur les dépouilles d'oiseaux écorchés et couvraient le plumage de masses d'œufs qui se transformaient le lendemain en vers, si on négligeait de les enlever. Elles s'introduisaient sous les ailes ou sous les peaux séchant à l'étagère, et parfois les myriades d'œufs déposés en quelques heures les soulevaient d'un centimètre. Ces œufs étaient si fortement collés aux barbes des plumes, qu'il fallait beaucoup de temps et de patience pour les éliminer. »

Ici s'arrête la relation du long voyage de M. Wallace. Contrarié par les brises de l'ouest et des calmes interminables, le bâtiment qui le portait mit dix-sept jours à le conduire à Ternate[1], trajet qui, avec un vent favorable, aurait pu être effectué en cinq jours. Ce fut pour lui une véritable jouissance — jouissance si chère au tempérament britannique — que de reprendre cette existence confortable qui consiste à verser du lait dans son thé et son café, à avoir du pain et du beurre frais, de la volaille et du poisson à tous ses repas. Il est vrai que son séjour à la Nouvelle-Guinée l'avait exténué.

J'ai dit dans l'avant-propos que les îles Philippines n'avaient pas été comprises dans le périple des excursions de M. Wallace. Pour compléter les renseignements contenus dans sa narration sur cette partie du monde, il est utile de consacrer

---

1. L'île de Ternate fait partie de l'archipel des Moluques; elle a 18 kilomètres de long sur 9 de large et renferme un volcan en activité. Sa capitale est Maleya et sa population se compose de Malais musulmans. Les Hollandais ont fait de Ternate le centre de leur exploitation dans cette région.

quelques lignes à l'un des plus importants archipels du Grand Océan.

Les îles Philippines, dont la superficie est d'environ 325 000 kilomètres carrés et la population de 4 000 000 d'âmes (Malais, Papous, Chinois, Espagnols), sont situées au nord des Moluques, par 114°—124° de longitude est et 5°—20° de latitude nord. Les plus grandes des îles de ce groupe sont Luçon (capitale Manille), Mindanao, Soulou, Palaouan. Les petites îles qui entourent Luçon — Samar, Leyte, Panag, Mindoro, les Calamianes, etc. — sont quelquefois nommées îles *Bissages*, du nom de leurs principaux habitants.

Toutes ces îles sont hautes, montueuses et couvertes de forêts vierges. Elles renferment plusieurs pics volcaniques. Luçon seule en compte trois. Son sol, très fertile, produit en abondance les graines et les fruits des régions tropicales et de belles essences forestières — aloès, cèdre, santal, bois de campêche et de fer, ébénier, camphrier. On y trouve, en même temps que des pierres précieuses, de l'or, du mercure, du plomb, du fer, du soufre et du marbre.

La découverte des Philippines est due au Portugais Fernand Magellan. C'est en 1521, après avoir reconnu le détroit qui porte son nom, entre l'extrémité méridionale de l'Amérique et la terre de Feu, que le grand navigateur aborda aux îles qui plus tard furent nommées Philippines, en l'honneur du roi Philippe II. Les Espagnols ne commencèrent à s'y établir qu'en 1568. Quoiqu'ils se considèrent comme maîtres de tout l'archipel, ils ne possèdent effectivement qu'une partie de Luçon et de Mindanao, ainsi que quelques points sur les autres îles.

Réuni aux Mariannes[1], cet archipel constitue la capitainerie générale espagnole des Philippines.

1. Les îles Mariannes, ou îles des Larrons, forment une chaîne de 17 îles, situées au nord-est des Philippines et comprises dans la Polynésie. Elles furent découvertes par les compagnons de Magellan, en 1521.

APPENDICE

LES RACES HUMAINES

DANS LA MALAISIE ET LA PAPOUASIE

Deux races, parfaitement distinctes l'une de l'autre, habiten
l'archipel malais : les Malais, qui en occupent presque exclu -
sivement la plus grande portion occidentale, et les Papous,
qui ont pour quartier général la Nouvelle-Guinée et quelques-
unes des îles adjacentes. Entre les habitants de ces deux
races on rencontre des tribus intermédiaires quant à leurs
caractères essentiels, et c'est souvent un point fort délicat
que de déterminer si elles appartiennent aux Malais ou aux
Papous, ou si elles proviennent du mélange de ces deux races

La race malaise est, sans contredit, la plus importante,
parce que, en raison de son contact avec les Européens, elle
est la plus civilisée ; c'est la seule qui occupe une place dans
l'histoire. Les indigènes, que l'on peut nommer de vrais Malais pour les distinguer de ceux qui n'ont qu'un simple élément malais dans leur idiome, présentent une grande con-
formité de traits physiques et intellectuels, tout en offrant des
différences considérables de civilisation et de langage. Ils
constituent quatre grandes tribus, quelques tribus moindres
et à demi civilisées, et nombre d'autres tribus que l'on peut
considérer comme sauvages.

Les Malais propres habitent la péninsule de Malacca et

presque toutes les régions côtières de Bornéo et de Sumatra. Tous parlent la langue malaise ou un dialecte qui en dé-
rive ; leur langue écrite est l'arabe, et ils pratiquent le mahométisme.

Les Javanais habitent Java, une partie de Sumatra, Madura, Bali, et une partie de Lombock ; ils parlent les idiomes
javanais et kawi qu'ils écrivent en caractères indigènes. Ils
sont actuellement mahométans à Java ; à Bali et à Lombock,
ils sont sectateurs de Brahma.

Les Bougis occupent la plus large portion de Célèbes et
semblent s'être étendus jusqu'à Sumbawa. Leur langage est
le bougi et le macassar, et ils se servent, pour l'écrire, de
deux caractères indigènes différents. Tous sont mahométans.

La quatrième grande race est celle des Tagalas, dans les
îles Philippines. Beaucoup d'entre eux professent aujourd'hui
le christianisme et parlent l'espagnol aussi couramment que
leur idiome natal, le tagala.

Les Malais des Moluques, que l'on rencontre principalement à Ternate, Tidore, Batchian et Amboine, peuvent être
considérés comme formant une cinquième division de Malais
à demi civilisés. Ils sont tous mahométans, mais ils parlent
divers dialectes curieux qui semblent un amalgame de bougi
et de javanais mélangés avec les langages des tribus sauvages
des Moluques.

Les Malais sauvages sont les Dayaks de Bornéo, les Battas de
Sumatra, les Djakouns de la presqu'île de Malacca, les aborigènes de la partie nord de Célèbes, de l'île Sula et d'une portion de celle de Bouru.

La couleur de toutes ces diverses tribus est brun-rouge
clair, plus ou moins teinté d'olivâtre, et ne varie guère sur une
étendue de pays aussi grande que l'Europe méridionale. La
chevelure est également partout la même ; elle est invariablement noire, droite et rude ; le moindre ondoiement serait
une preuve presque certaine de l'adjonction d'un sang

MALAIS DE BORNÉO.

étranger. Ils sont presque imberbes et leur taille est considérablement au-dessous de la moyenne européenne. Ils ont le corps robuste, la poitrine bien développée, les pieds épais et courts, les mains petites et fines ; la face large et tendant à la flaccité, le front bombé, les sourcils bas, les yeux noirs et légèrement obliques. Le nez est petit, droit et bien fait, avec le bout un peu arrondi, les narines larges et un peu relevées ; les pommettes sont saillantes, la bouche est grande avec des lèvres larges, bien dessinées, non proéminentes, le menton arrondi.

Ce portrait laisserait supposer une certaine perfection physique ; en somme, cependant, les Malais sont certainement laids. Dans leur jeunesse ils ont belle apparence, et jusqu'à douze ou quinze ans filles et garçons sont, pour la plupart, fort agréables à voir ; quelques-uns même sont superbes dans leur genre. Mais toutes ces grâces, de mauvaises habitudes et une vie irrégulière les leur ont bientôt fait perdre. Dès leur bas âge ils commencent à mâcher presque continuellement du bétel et du tabac ; ils souffrent de la faim et de l'intempérie des saisons, pendant leurs pêches et leurs autres excursions ; leur existence se passe alternativement dans la disette et l'abondance, dans la paresse et un travail excessif ; — pour résultats, vieillesse prématurée et déformation des traits.

Au moral, le Malais est impassible. Sa réserve, sa défiance même, attrayantes dans une certaine mesure, portent l'observateur à taxer d'exagération les instincts féroces et sanguinaires imputés à sa race. Il n'est pas démonstratif ; ses sentiments de surprise, d'admiration, de frayeur, il ne les manifeste jamais ouvertement, si toutefois il les éprouve d'une façon sérieuse. Il parle lentement, posément, et use de circonlocutions dans l'exposition du sujet qu'il veut discuter. Tels sont les principaux traits de son caractère ; il les manifeste dans toutes les actions de sa vie.

Les femmes et les enfants sont d'une timidité extrême ; ils s'enfuient en poussant des cris à la vue d'un Européen. Devant les hommes, ils sont muets, tranquilles et obéissants. Seul, le Malais est taciturne ; jamais il ne se laisse aller à des monologues ou à des chansons solitaires. En manœuvrant un canot, il entonne parfois un chant monotone et plaintif. Il est attentif à ne pas offenser ses égaux. Il ne se fâche pas aisément pour ses affaires d'argent ; il répugne à demander trop souvent ce qui lui est légitimement dû, et aime souvent mieux y renoncer que se quereller avec son débiteur. Il a horreur de la plaisanterie, car il est particulièrement sensible aux infractions à l'étiquette, aussi bien qu'à une atteinte quelconque à sa liberté ou à celle d'autrui. Comme preuve de ce fait, M. Wallace dit qu'il lui était souvent difficile d'obtenir d'un domestique malais qu'il en allât réveiller un autre ; il consentait à appeler son camarade de toute la force de ses poumons, mais il ne le touchait pas, encore moins le secouait-il. Le maître était obligé d'éveiller lui-même le dormeur.

Les Malais de la haute classe sont d'une politesse excessive et ont les allures aisées et la dignité des Européens les mieux élevés : ce qui concorde peu cependant avec une impitoyable cruauté et un mépris absolu de la vie humaine, côtés sombres de leur caractère. Il ne faut donc pas s'étonner des appréciations contradictoires dont ils sont l'objet de la part des voyageurs ; l'un les loue de leur sobriété, de leur politesse et de leur bon naturel ; l'autre les stigmatise pour leur hypocrisie, leur félonie et leur cruauté.

L'ancien voyageur Nicolo Conti écrivait en 1430 : « Les habitants de Java et de Sumatra dépassent en cruauté tous les autres peuples. Pour eux, tuer un homme est un simple jeu ; et un tel acte reste impuni. Si un individu achète un sabre neuf et désire l'essayer, il le plonge dans la poitrine de la première personne qu'il rencontre. Les passants examinent la

blessure et félicitent le meurtrier quand le coup a été adroitement porté. »

Drake dit, à propos du sud de Java : « Les indigènes (aussi
bien que leurs rois) sont un peuple aimable, véridique et
loyal » ; et M. Crawfurd affirme que les Javanais, qu'il a parfaitement connus, « sont paisibles, dociles, simples et industrieux. »

D'un autre côté, Barbosa, qui vit les Malais de Malacca en
1660, s'exprime ainsi : « C'est un peuple très ingénieux et très
subtil, malicieux et trompeur au possible, disant rarement
un mot de vérité, disposé à commettre toutes sortes de méchantes actions et méprisant la vie, qu'ils sacrifient volontiers. »

Le vrai, c'est que l'intelligence de la race malaise est défec-
tueuse. Les Malais sont incapables de tout ce qui excède la
plus simple combinaison d'idées; ils n'ont ni goût ni énergie
pour acquérir des connaissances. Leur civilisation, telle
qu'elle existe, ne semble pas indigène, confinée qu'elle est
aux tribus qui se sont converties au mahométisme ou au brah-
manisme.

La race papoue typique est en beaucoup de points l'opposé de la race malaise.

La couleur du corps varie du brun foncé au noir; mais si
ce noir s'approche, dans quelques cas, de la couleur de jais
de certaines races nègres, il ne l'égale jamais tout à fait. Cependant la teinte varie plus que chez les Malais; elle est
quelquefois d'un brun sombre. Les cheveux sont d'une nature particulière; durs, secs, crépus, ils croissent en petites
touffes ou boucles, courtes et compactes dans la jeunesse,
mais qui, par la suite, acquièrent une longueur considérable
et forment l'échafaudage serré et frisé qui fait la gloire et
l'honneur du Papou. La face est ornée d'une barbe de la

PAPOU DE LA NOUVELLE-GUINÉE.

même nature que celle des cheveux, et qui garnit également, plus ou moins, la poitrine, les bras et les jambes.

La taille des Papous dépasse celle des Malais ; elle est égale sinon supérieure à la moyenne des Européens. Les jambes sont longues et maigres, les mains et les pieds plus grands que ceux des Malais. La face est quelque peu allongée, le front déprimé, le sourcil très proéminent, le nez long et recourbé, avec une base épaisse, de larges narines à ouvertures cachées, ce qui vient du plongement du nez ; la bouche, grande, est garnie de lèvres épaisses et protubérantes. Grâce à la forme du nez, la face se rapproche plus du galbe européen que du malais ; à la forme particulière de cet organe, en même temps qu'à la proéminence des arcades sourcilières et au caractère des cheveux, du visage et de la tête, on peut d'un coup d'œil distinguer les deux races. Ces traits caractéristiques existent chez l'enfant de dix à douze ans aussi bien que chez les adultes, et l'on rencontre toujours la forme spéciale du nez dans les sculptures destinées à l'ornementation des cabanes et dans les amulettes portées autour du cou.

Le Papou diffère du Malais par le moral aussi bien que par le physique. Vif, démonstratif en paroles et en actions, il manifeste ses émotions et ses passions par des exclamations et des rires, des hurlements et des bonds frénétiques. Les femmes et les enfants participent à toutes les discussions et semblent peu s'inquiéter de la présence des étrangers ou des Européens.

Quant à l'intelligence de cette race, M. Wallace dit qu'il est assez difficile d'en juger ; il la croit cependant supérieure à celle des Malais, bien que le Papou soit resté jusqu'ici en dehors de la civilisation. Il faut toutefois se rappeler que, depuis des siècles, les Malais ont subi l'influence de l'émigration chinoise, hindoue et arabe, tandis que les Papous n'ont éprouvé que l'influence restreinte et locale des négociants malais. Le Papou est doué de beaucoup plus d'énergie vitale, ce qui contribuerait, sans aucun doute et dans une large mesure, à son développement intellectuel. Dans l'esclavage, les Papous n'ont pas témoigné d'une intelligence moindre que les Malais, au contraire ; et l'on en a vu, dans les Moluques, arriver à des situations très considérables. Le Papou a le sentiment de l'art plus prononcé que le Malais ; ses canots, ses cases, presque tous ses ustensiles domestiques sont ornés de sculptures délicatement fouillées, habitude qui se rencontre rarement chez les tribus de race malaise.

D'un autre côté, les Papous semblent de beaucoup inférieurs sous le rapport de l'affectuosité et de la moralité. Ils traitent souvent leurs enfants avec violence et avec cruauté, tandis que les Malais, presque toujours bienveillants et doux, interviennent à peine dans les faits et gestes de leurs enfants, et leur laissent une liberté absolue, quel que soit l'âge auquel ils la réclament. Sans doute ces relations pacifiques entre parents et enfants proviennent, dans une grande mesure, de ce caractère indifférent et apathique de la race, qui ne porte jamais les jeunes gens à entrer en opposition sérieuse avec leurs aînés ; tandis que la rude discipline des Papous peut être attribuée principalement à cette vigueur d'esprit qui, tôt ou tard, pousse le faible à la révolte contre le fort, — le peuple contre ses gouvernants, l'esclave contre son maître, le fils contre son père.

De tout ce qui précède il résulte qu'en conformation physique, en moralité, en puissance intellectuelle, les races malaise et papoue présentent des différences remarquables et des contrastes frappants.

Passons maintenant aux nombreux insulaires qui ne concordent absolument ni avec l'une ni avec l'autre de ces deux races.

Les îles d'Obi, de Batchian et les trois péninsules méridionales de Gilolo ne possèdent pas une population vraiment indigène ; mais la presqu'île septentrionale de cette dernière île renferme une race native : les Alfouros de Sahoe et de Galéla. Ces indigènes diffèrent complètement des Malais et presque aussi complètement des Papous. Ils sont grands, bien faits, avec des traits papous et des cheveux bouclés, barbus et poilus ; mais la teinte de leur peau est presque aussi claire que celle des Malais. Ils sont audacieux et entreprenants, cultivent du riz et des légumes et déploient une infatigable ardeur dans leur chasse au gibier, au poisson, au trépang et aux écailles de tortue.

Dans la grande île de Céram existe également une race indigène se rapprochant beaucoup de la précédente. Bouru semble renfermer deux races distinctes : l'une, de taille ramassée, de face ronde, de physionomie malaise, qui peut avoir immigré de Célèbes, par la voie des îles Soula ; la seconde, grande, barbue et ressemblant à celle de Céram.

Bien loin au sud des Moluques se trouve l'île de Timor, habitée par des tribus se rapprochant plus des véritables Papous que celles des Moluques.

Les Timoriens de l'intérieur ont la peau brun foncé ou noirâtre, la chevelure buissonneuse et le long nez des Papous. Ils sont de taille moyenne et fluette. Tous indistinctement portent pour vêtement une longue pièce d'étoffe roulée autour des reins et dont les extrémités garnies de franges tombent au-dessous des genoux. Les indigènes passent pour de déterminés voleurs. Toujours en guerre de tribu à tribu, ils ne sont cependant ni courageux ni sanguinaires. Comme il a été dit dans le chapitre concernant Timor, l'usage du « tabou », nommé dans cette région « pomali », est général : grâce à cette cérémonie fort respectée, fruits, arbres, cases, récoltes, propriété quelle qu'elle soit, sont à l'abri de toute déprédation. Une branche de palmier fichée en travers d'une porte ouverte, indiquant que la case est tabouée, est contre le vol une garantie plus efficace que les serrures et les verrous.

Les cases, à Timor, diffèrent considérablement de celles des

FORÊT DE L'ILE DE CÉRAM.

autres îles ; elles semblent tout toit, le chaume surplombant les murs bas et touchant partout le sol, sauf à l'endroit où il est coupé pour ménager une entrée. Dans quelques parties de l'extrémité occidentale de Timor et sur la petite île de Semau, es habitations ressemblent davantage à celles des Hottentots ; très petites, elles ont la forme d'un œuf et une porte de 90 centimètres seulement de hauteur. Ces cases reposent sur le sol tandis que celles des districts orientaux sont montées sur pilotis. Par leur caractère susceptible, leur voix éclatante, leur allure intrépide, les Timoriens tiennent de fort près aux indigènes de la Nouvelle-Guinée.

Dans les îles à l'ouest de Timor, aussi loin que celles de Florès et Sandalwood (bois de santal), se trouve une race à peu près identique qui s'étend même jusqu'à Timor-Laut, où commence à apparaître la vraie race papoue. Toutefois les îlots de Saton et de Rotti, également à l'ouest de Timor, sont fort remarquables, en ce qu'ils possèdent une race différente et, en quelques points, particulière. Ces indigènes, fort beaux, aux traits réguliers, semblent une race provenant d'un mélange de sang hindou ou arabe et de sang malais. Ils se séparent certainement des races malaises ou papoues et doivent être classés dans la division ethnologique occidentale de l'Archipel, plutôt que dans la division orientale.

La totalité de la grande île de la Nouvelle-Guinée, les îles Key et Aróu, avec Mysol, Salwatty et Waigiou, sont habitées presque exclusivement par des Papous purs. On ne trouve pas trace d'autres tribus dans l'intérieur de la Nouvelle-Guinée ; mais la population côtière est, sur quelques points, mélangée avec les races plus foncées des Moluques. La même race papoue semble s'étendre aux îles situées à l'est de la Nouvelle-Guinée, jusqu'aux Fidjis [1].

1. Archipel du Grand Océan Pacifique, nommé aussi *Viti*. Les îles qui le composent se sont placées, en 1850, sous le protectorat de l'Angleterre. Il a été découvert par Abel Tasman, en 1643.

PAYSAGE DE LA NOUVELLE-GUINÉE.

Il reste encore à mentionner les races noires à cheveux laineux des Philippines et de la péninsule de Malacca, nommées, la première Négritos, la seconde Sémangs. D'après M. Wallace, ces races n'auraient que peu d'affinité et de ressemblance avec les Papous, auxquels elles ont été souvent associées. En certains points importants même, elles diffèrent plus de la race papoue que de la race malaise. Leur taille ne mesure que de 1^m,35 à 1^m,40, soit 20 centimètres de moins que celle des Malais; et les Papous sont plus grands encore que les Malais. Le nez est petit, aplati ou relevé à la base, tandis que le trait caractéristique, presque universel, de la race papoue est le nez droit et long, le bout en bas, invariablement représenté sur ses grossières idoles. La chevelure de ces tribus naines concorde avec celle des Papous, mais il en est de même des nègres d'Afrique. Par leur physique, les Négritos et les Sémangs se rapprochent les uns des autres et des habitants des îles Andaman[1]; mais ils s'éloignent essentiellement de toute race papoue.

C'est par l'étude attentive de ces diverses races, comparées à celles de l'Asie orientale, des îles du Pacifique et de l'Australie, que M. Wallace a été à même d'en établir la classification, au double point de vue de leur origine et de leurs affinités.

En tirant une ligne[2] commençant aux îles Philippines, se prolongeant le long de la côte occidentale de Gilolo, à travers l'île de Bouru, tournant autour de l'extrémité occidentale de Florès, puis se recourbant par l'île de Sandalwood pour aboutir à Rotti, on divisera l'archipel en deux parties dont les races sont considérablement distinctes l'une de l'autre. Cette ligne sépare les races malaises et toutes les races asiatiques

1. Archipel du golfe du Bengale exploré par le voyageur français Peyrand, en 1607, et appartenant à l'Angleterre depuis 1791.
2. Voyez la carte et l'avant-propos.

des races papoues et de toutes celles qui habitent le Pacifique, et quelles que soient les intrusions et les mélanges qui aient pu s'accomplir le long de la ligne de jonction, cette division est, en somme, aussi bien définie et aussi logique, comme contraste, que la division zoologique correspondante de l'archipel en région indo-malaise et région austro-malaise.

Voici, en résumé, les raisons qui portent M. Wallace à considérer comme vraie et naturelle cette division des races océaniques.

Dans son ensemble, la race malaise se rapproche incontestablement et de très près des populations de l'Asie orientale, de Siam à la Mandchourie. Un fait frappant, c'est qu'il se trouve dans l'île de Bali des négociants chinois qui ont adopté le costume du pays et peuvent à peine être distingués des Malais; d'un autre côté, on rencontre à Java des indigènes qui, par la physionomie du moins, peuvent parfaitement passer pour des Chinois. En outre, les plus typiques des tribus malaises habitent le continent asiatique et les grandes îles de la mer indienne, qui, possédant les mêmes espèces de grands mammifères que les régions continentales adjacentes, ont probablement appartenu à l'Asie pendant la période humaine. Les Négritos sans doute constituent une race distincte des Malais; toutefois quelques-uns habitent une partie du continent et d'autres les îles Andaman, dans la baie du Bengale; on doit donc les considérer comme ayant une origine asiatique plutôt que polynésienne.

Quant aux parties orientales de l'archipel, il résulte des observations de M. Wallace, contrôlées avec celles des voyageurs et des missionnaires les plus dignes de foi, qu'il existe, dans toutes les îles jusqu'aux Fidjis, à l'extrême est, une race identique par tous ses traits principaux à la race papoue. De plus, la race polynésienne brune, ou quelque type intermédiaire, est répandue partout sur le Pacifique; les traits distinctifs de ces indigènes concordent exactement avec ceux de Gilolo et de Céram.

Il faut observer surtout que les races polynésiennes brunes et noires ont une extrême ressemblance l'une avec l'autre. Les traits du visage sont presque identiques : de sorte que le portrait d'un Néo-Zélandais ou d'un Otaïtien peut également représenter un Papou de Timor; il n'existe qu'une seule différence, la couleur plus foncée et la chevelure plus crépue du dernier. Les deux races sont de haute taille; leurs instincts artistiques, leur style décoratif, sont les mêmes; ils sont énergiques, démonstratifs, pleins d'entrain et de gaieté; toutes particularités qui les différencient essentiellement de la race malaise.

Il faut, en conséquence, croire que les nombreuses formes intermédiaires qui se présentent parmi les innombrables îles du Pacifique ne sont pas seulement dues à un mélange de races, mais sont, dans un certain degré, véritablement transitoires; et que le brun et le noir, les Papous et les indigènes de Gilolo, de Céram et des îles Fidjis, les habitants des îles Sandwich et ceux de la Nouvelle-Zélande, sont tous des formes diverses d'une seule grande race océanique ou polynésienne.

Il est cependant possible, et peut-être probable, que les Polynésiens bruns proviennent originellement d'un mélange de Malais, ou de quelque race mongole au teint plus clair, avec le noir papou. S'il en est ainsi, ce mélange a eu lieu à une époque très reculée, et il a été secondé par l'influence incessante de conditions physiques et de sélection naturelle, conduisant progressivement au maintien d'un type spécial apte à ces conditions; il s'est, par suite, converti en une race fixe et stable, sans aucun signe de demi-sang, et a témoigné d'une affinité si décidée avec les Papous, qu'on doit le classer comme une modification de ce dernier type.

La rencontre d'un élément parfaitement malais dans les

idiomes polynésiens ne peut être opposée à une aussi ancienne connexion. Ce n'est d'ailleurs qu'un phénomène récent, produit par les habitudes vagabondes des principales races malaises. On trouve, en effet, des mots modernes, malais et japonais, usités en Polynésie, si peu déguisés par les spécialités de la prononciation, qu'on les reconnaît immédiatement : non par de simples racines malaises, que pourraient seules découvrir les persévérantes recherches d'un philologue, ce qui eût été certainement le cas si l'introduction de ces mots avait remonté à l'origine d'une race parfaitement distincte, aussi différente de la race malaise par les facultés intellectuelles et morales qu'elle l'est pour la conformation physique.

Il est extrêmement important, au même point de vue, de signaler l'harmonie qui existe entre la ligne de séparation des races humaines de l'archipel et celle des productions animales de la même région.

Il est vrai que les lignes de partage ne concordent pas exactement ; mais c'est un fait remarquable et quelque chose de plus qu'une simple coïncidence, qu'elles traversent le même district et se rapprochent aussi étroitement l'une de l'autre. Si l'on admet cette hypothèse, parfaitement spécieuse d'ailleurs, que la région où l'on peut tirer actuellement la ligne de partage zoologique de l'Indo-Malaisie et de l'Austro-Malaisie était anciennement occupée par une mer beaucoup plus large qu'aujourd'hui, et que l'homme existait sur la terre à cette époque, on comprendra pourquoi les races habitant les surfaces des mers asiatiques et pacifiques peuvent actuellement se rencontrer et se mélanger partiellement dans le voisinage de la ligne de partage.

Un savant anglais distingué, le professeur Huxley, a soutenu que les Papous sont alliés de plus près aux nègres d'Afrique qu'à toute autre race. M. Wallace reconnaît que la ressemblance de ces deux types, au physique et au moral, l'a fortement frappé lui-même ; mais il ajoute que les difficultés qui s'opposent à l'acceptation du fait comme probable ou possible l'ont empêché de s'en préoccuper. Aux points de vue géographique, zoologique et ethnologique, il est presque absolument certain que si ces deux races ont jamais eu une commune origine, ce n'a pu être qu'à une période de beaucoup antérieure à celle qui est communément assignée à l'antiquité de l'homme. « Leur unité fût-elle même prouvée, dit M. Wallace, cela n'attaque en rien mon argument relatif à l'extrême affinité des races papoues et polynésiennes et à la distinction radicale de toutes deux d'avec la race malaise. »

La Polynésie est au suprême degré une aire d'affaissement ; ses groupes de récifs de coraux, largement disséminés, indiquent l'ancienne localisation des continents et des îles. Les productions de l'Australie, aussi riches que variées, mais si étrangement isolées, sont également la preuve de l'existence d'un immense continent où ces formes particulières se sont développées. En conséquence, les races d'hommes occupant ces groupes descendent probablement des races qui habitaient ces continents et ces îles. Cette supposition est la plus simple et la plus naturelle que l'on puisse faire.

Donc, si l'on trouve des signes d'une affinité directe entre les habitants de toute autre partie du monde et ceux de la Polynésie, il ne s'ensuit pas que les derniers soient issus des premiers. Or, lorsque existait un continent Pacifique, l'ensemble de la géographie terrestre devait sans doute différer beaucoup de ce qu'elle est à présent : les continents actuels ne s'étaient probablement pas encore élevés au-dessus des mers, et quand, à une époque ultérieure, ils se sont formés, ils ont pu emprunter quelques-uns de leurs habitants à l'aire polynésienne elle-même. Il existe, il est vrai, d'indubitables preuves de migrations considérables dans les îles du Pacifique, d'où est résultée une communauté de langage du groupe des

Sandwich à la Nouvelle-Zélande ; mais rien n'établit l'émigration en Polynésie des populations d'aucun pays avoisinant, puisqu'on ne trouve nulle part de peuple offrant une suffisante ressemblance, au moral et au physique, avec la race polynésienne.

Si l'histoire écoulée de ces différentes races est obscure et incertaine, l'histoire future ne l'est pas moins. Les vrais Polynésiens, habitant les îles les plus lointaines du Pacifique, sont voués à une prochaine extinction. La race malaise, au contraire, plus nombreuse, semble parfaitement susceptible de se maintenir comme cultivatrice du sol, même quand son pays et son gouvernement auront passé dans les mains des Européens. Si le courant de la civilisation se dirigeait vers la Nouvelle-Guinée, on ne saurait douter de la prompte disparition de la race papoue.

FIN

TABLE DES GRAVURES

	Pages.
Dayaks de Bornéo en chasse	2
Rade de Singapour	13
Jonque chinoise à Singapour	15
Faisans argus, mâle et femelle	25
Un village à Bornéo	29
Coléoptères de Bornéo	31
Grenouille volante	33
Orang-outang	35
Femelle d'orang-outang	37
Combat d'un Dayak et d'un orang-outang	43
Pont de bambous	44
Case de pêcheur à Bornéo	45
Famille de Dayaks	47
Famille d'orangs-outangs	51
Forgerons de Bornéo	54
Un village à Sumatra	61
Papillons de Sumatra	63
Arbre des forêts de Sumatra	66
Calao et son petit	69
Côte de l'île de Madura	73
Amok (effet de l'opium sur les Malais)	77
Habitation malaise (environs de Sourabaya)	80
Multipliant dans l'intérieur d'une forêt de Java	82
Batavia (ville ancienne)	87
Batavia (ville nouvelle)	89
Village d'Oëssa (île de Sémao)	99
Indigène de Timor	103
Scène et paysage à Timor	105
Phalanger oriental	107
Banlieue de Macassar	115
Chute de la rivière Maros	121
Indigène de Ménado	123

Pages.

Route de Tondano.. 125
Sources chaudes près du lac Tondano........................... 127
Le babiroussa... 129
Le volcan de Banda.. 135
Mosquée à Amboine... 137
Tanysiptera Naïs.. 140
Expulsion d'un intrus... 141
Montagne de Manchéri.. 149
Route du village de Warou-Warou............................... 151
Prao de Macassar.. 163
Village de Dobbo.. 165
Chasse aux oiseaux de paradis................................. 171
Le roi des oiseaux de paradis................................. 173
Cacatois noir... 177
Vue intérieure de Dorey....................................... 184
Indigène de Dorey... 187
Mouches cornues... 189
Grande sauterelle à bouclier.................................. 191
Pirogue de la baie de Humboldt................................ 193
Instrument sculpté pour la poterie............................ 195
Tombeau d'un chef de la Nouvelle-Guinée....................... 196
Malais de Bornéo.. 203
Papou de la Nouvelle-Guinée................................... 207
Forêt de l'île de Céram....................................... 211
Paysage de la Nouvelle-Guinée................................. 213

CARTES

Carte générale de la Malaisie et de la Papouasie.............. 4
Ile de Sumatra.. 56
Iles Célèbes.. 112
Ile Céram.. 145
Iles Arou.. 160
Nouvelle-Guinée... 185

FIN DE LA TABLE DES GRAVURES.

TABLE DES MATIÈRES

Pages.

Avant-propos... 5

GROUPE INDO-MALAIS

Chapitre   I. — Singapour. — La presqu'île de Malacca.............. 11
Chapitre II. — Bornéo.................................... 27
Chapitre III. — Sumatra.................................... 55
Chapitre IV. — Java.. 70

GROUPE DE TIMOR

Chapitre V. — Bali. — Lombock. — Timor..................... 94

GROUPE DES CÉLÈBES

Chapitre VI. — Célèbes. — Maros. — Ménado. — Tondano.......... 141

GROUPE DES MOLUQUES

Chapitre VII. — Banda. — Amboine. — Céram.................... 134

GROUPE DE LA PAPOUASIE

Chapitre VIII. — Iles Arou.................................. 159
Chapitre IX. — Nouvelle-Guinée............................. 183

APPENDICE.

Les races humaines dans la Malaisie et la Papouasie.................. 201

Table des gravures.. 221

FIN DE LA TABLE DES MATIÈRES.

PARIS. — IMPRIMERIE ÉMILE MARTINET, RUE MIGNON, 2.

www.ingramcontent.com/pod-product-compliance
Lightning Source LLC
LaVergne TN
LVHW050043060726
842524LV00003B/657